建 筑 信 息 模 型 BIM 丛 书
Autodesk® Revit®官方系列

Autodesk® Revit® 2014
五天建筑达人速成

主　　编　Autodesk Asia Pte Ltd
编委会成员　（按姓氏笔画排序）

王敏洁　尤莹莹　关　琪

苏　琴　李　沁

同济大学 出版社
TONGJI UNIVERSITY PRESS

内 容 提 要

针对国内目前日益增长的 Revit® 用户,本书从中国建筑师软件应用的实际需求出发,以一个项目工程为蓝本,按照建筑设计流程,系统介绍了建筑师如何应用 Autodesk® Revit® 2014 进行全过程的建筑设计。

全书分为两部分,第一部分旨在让用户全面概括地了解 Revit®,从基本术语、界面介绍、基本命令等方面介绍 Revit® 的基本知识,为接下来的实战设计奠定基础。第二部分按照时间顺序,将软件功能融入建筑各个设计阶段,从场地的布置、模型的创建、族的使用、施工图的绘制,表现和分析五大方面,全面地介绍了 Revit® 的使用流程和技巧,并提供了部分知识扩展及有效提示,有助于提高设计效率,降低设计成本。本书系编者长期研究的经验积累及成果总结,提供了大量的实战技巧,具有较强的逻辑性和实用性。

本书适用于建筑行业的建筑师、高校学生、软件开发工程师及 BIM 的爱好者,同时对 BIM 经理的工作也有一定的指导意义。

图书在版编目(CIP)数据

Autodesk® Revit® 2014 五天建筑达人速成/欧特克软件(中国)有限公司构建开发组主编. --上海:同济大学出版社,2014.4
  ISBN 978-7-5608-5444-1

  I.①A… Ⅱ.①欧… Ⅲ.①建筑设计—计算机辅助设计—应用软件 Ⅳ.①TU201.4

  中国版本图书馆 CIP 数据核字(2014)第 043274 号

Cover image:© 2014 Autodesk, Inc. All rights reserved.

Autodesk® Revit® 2014 五天建筑达人速成
Autodesk Asia Pte Ltd 主编

责任编辑 赵泽毓	**助理编辑** 张富荣	董翰林	**责任校对** 徐春莲	**封面设计** 王佳轶	潘向蓁

出版发行	同济大学出版社 www.tongjipress.com.cn
	(地址:上海市四平路 1239 号 邮编:200092 电话:021—65985622)
经　销	全国各地新华书店
印　刷	同济大学印刷厂
开　本	787mm×1092mm 1/16
印　张	13
印　数	3 101—4 200
字　数	324 000
版　次	2014 年 4 月第 1 版 2016 年 6 月第 2 次印刷
书　号	ISBN 978-7-5608-5444-1
定　价	68.00 元(附光盘)

本书若有印装质量问题,请向本社发行部调换　　版权所有　侵权必究

序

    在几年前我和业内人士谈到 BIM(Building Information Modeling,建筑信息模型)这个概念,很多人还不以为意。在我部门陆续推出多本 BIM 系列丛书,以及中国政府对 BIM 大力推广之后,越来越多的人已经开始关注和运用这个全新的设计理念了。现在工程师们思考的重点可能已经从 BIM 能带给我什么转移到了究竟 BIM 方案应该如何具体实施,如何利用 BIM 增强自己的竞争力等经营方向上来了。"工欲善其事,必先利其器",工程师需要一款或几款得力的 BIM 工具软件来协助完成 BIM 实施方案。

    Autodesk® Revit® 是欧特克公司（Autodesk®）针对建筑行业推出的三维参数化 BIM 系列软件。2010 年,欧特克构件开发组针对国内 Revit® 读者的需求适时出版了《Autodesk® Revit® MEP 2011 应用宝典》一书,图书的质量得到了读者的一致好评,这也是 Revit® 系列软件丛书第一次由欧特克公司（Autodesk®）官方正式出版。针对 Revit® 系列产品在国内读者群的迅速扩大,同时考虑到多个专业,多个 Revit® 产品间的相互协同作业,我们又陆续编著了《Autodesk® Revit® MEP 2012 应用宝典》,《Autodesk® Revit® Structure 2012 应用宝典》,《Autodesk® Revit® 2012 族达人速成》,《Autodesk® Revit® 2013 族达人速成》,同样深受读者欢迎。2014 年,我们应读者需要,继续推出 Autodesk® Revit® 2014 系列丛书:《Autodesk® Revit® 2014 五天建筑达人速成》和《Autodesk® Revit® MEP 2014 应用宝典》,旨在让读者在最短的时间里掌握 Revit® 的使用技巧。至此,Autodesk® Revit® 唯一授权官方教程涵盖了建筑、结构、水、暖、电和族创建的全部领域,是广大 Revit® 用户的福音。此系列图书均提供了相应的应用实例以便读者参考,适用于建筑行业各个专业的设计、施工、管理和研究人员,高校学生,软件开发工程师以及 BIM 爱好者。

    图书的编者均是欧特克公司从事构件开发和软件开发的工程师,软件使用经验丰富。图书编写过程中得到了欧特克公司 ACRD AEC 总监赵凌志和 BCG 高级经理黄腾香的大力支持,在此表示感谢!

    希望该系列图书能为广大 Autodesk® Revit® 软件读者答疑解惑,也为 BIM 在国内推广添砖加瓦。

李皞瑜

欧特克构件开发组经理

2013 年 9 月

前　言

2006 年,欧特克公司(Autodesk®)第一次在中国市场发布了 Autodesk® Revit® Architecture 中文版。后陆续发布了 Autodesk® Revit® Structure 和 Autodesk® Revit® MEP 的中文版。软件发布后,迅速获得了诸多建筑行业建筑师、工程师的热切关注。原因主要有以下几点:第一,Autodesk® Revit® 是欧特克公司在建筑工程行业中基于 BIM 理念的三维设计拳头产品,极有可能在三维设计的将来,替代现在建筑师和工程师们使用的二维辅助设计软件。第二,Autodesk® Revit® 功能强大。参数化设计、系统分析计算、"一处修改,处处更新"、三维模拟检查碰撞以及协同工作等功能,提高了设计准确性,提升了设计效率,降低了设计成本。第三,使用 Revit® Architecture 的建筑成功案例越来越多。为了各个专业间密切配合,越来越多的结构工程师、水暖电工程师也在积极尝试使用 Revit® Structure 和 Revit® MEP。

《Autodesk® Revit® 2014 五天建筑达人速成》以 2013 年 4 月最新发布的 Autodesk® Revit® 2014 中文版为基础,由《Autodesk® Revit® 2012 族达人速成》和《Autodesk® Revit® 2013 族达人速成》的原班作者(Autodesk® Revit® 构件开发组)应广大用户需求编写,同时将撰写书稿中精心创建的项目文件、过程文件、族文件等相关成果文件随书附赠,使读者在学习中可以有具体的参照,方便加深理解,融会贯通。

《Autodesk® Revit® 2014 五天建筑达人速成》主要内容如下:

初识 Revit®:包括基本术语、用户界面、基本命令、文件格式、如何开始一个项目。

第 1 天:设计初期(包括项目位置、场地设计、标高和轴网、概念体量设计和拆分文件)。

第 2 天:创建模型(包括工作共享和场地、平面、外立面、屋顶、细部深化)。

第 3 天:创建族(包括雨篷和洞口标记族的创建)。

第 4 天:施工图出图(包括场地、平面、剖面、立面、详图的深化和图纸的修订)。

第 5 天:表现和分析(包括漫游、渲染、能量和日照分析)。

在编写本书的过程中,充分考虑了读者软件操作中的实际情形,从基础知识、具体操作和实战技巧三个方面介绍了 Autodesk® Revit® 2013 族文件的创建、编辑、修改、在项目中的使用、维护、管理等各个环节。

本书的作者们为欧特克公司从事构件开发和软件开发的工程师,都具备丰富的软件使用和开发经验及相关的专业设计工作经验。其中"初识 Revit®"由李沁编写;"第一天:设计初期"由尤莹莹编写;"第二天:创建模型"的 2.1 节和 2.6 节由王敏洁编写,2.2

节由尤莹莹编写,2.3节由关琪编写,2.4和2.5节由苏琴编写,关琪修改并编写;"第三天:创建族"的3.1节由关琪编写,3.2节由王敏洁编写;"第四天:施工图出图"的4.1节和4.6节由尤莹莹编写,4.2节和4.3节由关琪编写,4.4节由苏琴编写,王敏洁修改并编写,4.5节由王敏洁编写;"第五天:表现和分析"的5.2节和5.4节由关琪编写,5.1节由李沁编写,5.3节由尤莹莹编写;全书由关琪承担组织协调,尤莹莹负责项目文件的整理和修改,同济大学土木工程学院建筑工程系的董翰林同学承担校对、服务等工作。

本书的编写除了获得欧特克公司各部门领导的关心,还特别得到了BCG部门构件开发组经理李皞瑜鼎力支持和热心帮助,在此表示真诚的谢意。BCG部门软件开发经理李震霄帮助审阅了部分章节,并提出很多很有价值的修改意见,在此一并表示感谢。另外,还要特别感谢本书各章节的作者及其家人,没有各位作者业余时间的无私奉献和辛勤付出,没有作者家人的理解和支持,就没有本书的成功出版。

在本书的编写过程中,虽经反复斟酌修改,然而由于编者水平所限,加之时间短促,故难免有疏漏之处,敬请读者给予批评和指正。欢迎读者利用构件开发组的"知族常乐"专题博客http://www.revitcad.com/或者新浪微博http://weibo.com/revitcad这两个平台,与作者讨论交流。读者的意见和建议正是作者不断努力前进的源动力。

编委会
2014年1月

目　　录

初 识 Revit®

Autodesk® Revit® 是为建筑信息模型（Building Information Modeling）而设计的软件，包括建筑、结构及设备（水、暖、电）专业相关的功能模块，为建筑工程行业提供 BIM 解决方案。

Revit® 是一款非常智能的设计工具，能通过参数驱动模型及时呈现建筑师和工程师的设计；通过协同工作减少各专业之间的协调错误；通过模型分析支持节能设计和碰撞检查；通过自动更新所有变更减少整个项目设计失误。

本章将从基本术语、界面介绍、基本命令等方面介绍使用 Revit® 做设计的基本知识，为深入学习后续章节奠定基础。如对 Revit® 已有初步了解，可以跳过本章，直接进入后续章节的学习。

0.1 基本术语

1. 项目

在 Revit® 中，项目是单个设计信息数据库模型。项目文件包含了建筑的所有设计信息（从几何图形到构造数据）。这些信息包括用于设计模型的构件、项目视图和设计图纸。通过使用单个项目文件，用户可以轻松地修改设计，还可以使修改反映在所有关联区域（如平面视图、立面视图、剖面视图、明细表等）中，仅需跟踪一个文件，方便了项目管理。

2. 图元

Revit® 包含三种图元。项目和不同图元之间的关系见图 0-1。

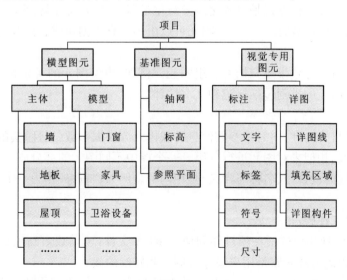

图 0-1

（1）模型图元

代表建筑的实际三维几何图形,如墙、柱、楼板、门窗等。Revit®按照类别、族和类型对图元进行分级,三者关系见图0-2。

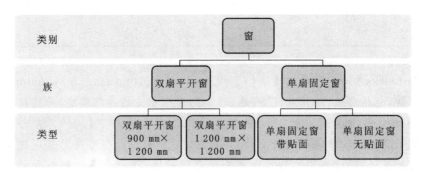

图 0-2

（2）视图专用图元

只显示在放置这些图元的视图中,对模型图元进行描述或归档,如尺寸标注、标记和二维详图。

（3）基准图元

协助定义项目范围,如轴网、标高和参照平面。

① 轴网:有限平面,可以在立面视图中拖曳其范围,使其不与标高线相交。轴网可以是直线,也可以是弧线。

② 标高:无限水平平面,用作屋顶、楼板和天花板等以层为主体的图元的参照。大多用于定义建筑内的垂直高度或楼层。要放置标高,必须处于剖面或立面视图中。

③ 参照平面:精确定位、绘制轮廓线条等的重要辅助工具。参照平面对于族的创建非常重要,有二维参照平面及三维参照平面,其中三维参照平面显示在概念设计环境(公制体量.rft)中。在项目中,参照平面能出现在各楼层平面中但在三维视图不显示。

Revit®图元的最大特点就是参数化。参数化是Revit®实现协调、修改和管理功能的基础,大大提高了设计的灵活性。Revit®图元可以由用户直接创建或者修改,无需进行编程。

3. 类别

类别是用于对设计建模或归档的一组图元。例如,模型图元的类别包括家具、门窗、卫浴设备等。注释图元的类别包括标记和文字注释等。

4. 族

族是组成项目的构件,同时是参数信息的载体。族根据参数(属性)集的共用、使用上的相同和图形表示的相似来对图元进行分组。一个族中不同图元的部分或全部属性可能有不同的值,但是属性的设置(其名称与含义)是相同的。例如,“餐桌”作为一个族可以有不同的尺寸和材质。

Revit®包含三种族:

① 可载入族:使用族样板在项目外创建的RFA文件,可以载入到项目中,具有高度可自定义的特征,因此可载入族是用户最经常创建和修改的族。

② 系统族:已经在项目中预定义并只能在项目中进行创建和修改的族类型(如墙、楼

板、天花板等）。它们不能作为外部文件载入或创建，但可以在项目和样板之间复制和粘贴或者传递系统族类型。

③ 内建族：在当前项目中新建的族，它与之前介绍的"可载入族"的不同在于，"内建族"只能存储在当前的项目文件里，不能单独存成 RFA 文件，也不能用在别的项目文件中。

5. 类型

族可以有多个类型。类型用于表示同一族的不同参数（属性）值。如某个窗族"双扇平开-带贴面.rfa"包含"900 mm×1 200 mm"、"1 200 mm×1 200 mm"、"1 800 mm×900 mm"（宽×高）三个不同类型，见图 0-3。

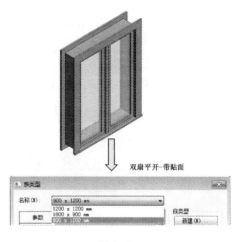

图 0-3

在这个族中，不同的类型对应了窗的不同尺寸，见图 0-4。

图 0-4

6. 实例

放置在项目中的实际项（单个图元）。在建筑（模型实例）或图纸（注释实例）中都有特定的位置。

0.2　Autodesk® Revit® 2014 界面

1. 项目界面

Autodesk® Revit® 2014 采用 Ribbon 界面，用户可以针对操作需求，更快速简便地找到相应的功能，见图 0-5。

（1）功能区

① 单击功能区中按钮 ，可以最小化功能区，扩大绘图区域的面积（或单击按钮 显示完整的功能区）。最小化行为将循环使用下列最小化选项，见图 0-6。

a. 显示完整的功能区：显示整个功能区，见图 0-7。

b. 最小化为面板按钮：显示面板中第一个按钮，见图 0-8。

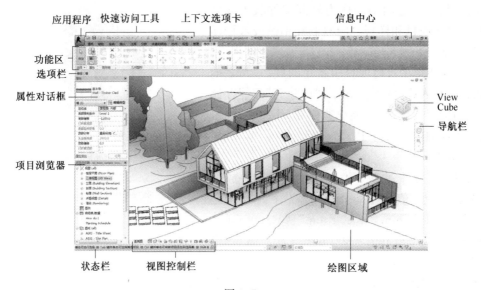

图 0-5

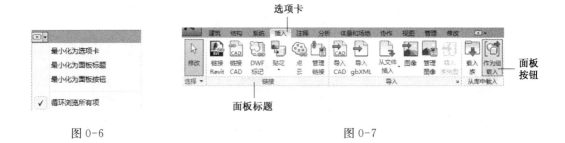

图 0-6   图 0-7

图 0-8

c. 最小化为面板标题：显示选项卡和面板标题，见图 0-9。

图 0-9

d. 最小化为选项卡：显示选项卡标签，见图 0-10。

图 0-10

② 鼠标点击功能区面板下部灰色区域，见图 0-11，可以拖拽该面板放置到 Revit® 界面中的任何位置。通过选择按钮 ，

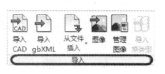

图 0-11

见图 0-12,可以让该面板回到原来的位置。

单击右下角的对话框启动器箭头 ◢,可打开相应对话框。例如,单击"视图"面板右下角的对话框启动器箭头,见图 0-13,可打开"图形显示选项"对话框,见图 0-14。

图 0-12

图 0-13

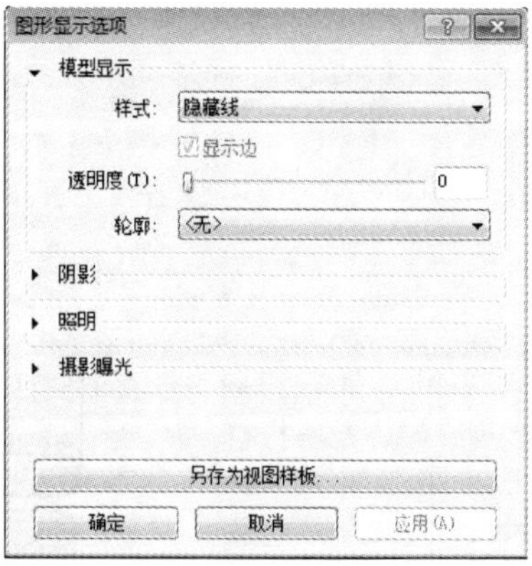

图 0-14

③ 如果按钮的底部或右侧部分有箭头,表示面板可以展开,显示更多工具或选项,见图 0-15 和图 0-16。

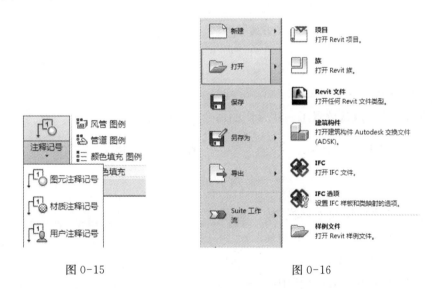

图 0-15

图 0-16

④ 上下文选项卡:当执行某些命令或选择图元时,在功能区会出现某个特殊的上下文选项卡,该选项卡包含的工具集仅与对应命令的上下文关联。

⑤ 选项栏:大多数情况下,上下文选项卡同选项栏同时出现、退出。选项栏的内容根据当前命令或选择图元变化而变化。

例如,单击功能区中"建筑"→"构建"→"窗",则出现与创建窗相关的上下文选项卡"修改 | 放置 窗"、工具集及选项栏"修改 | 放置 窗"。见图 0-17。

⑥ 功能区工具提示:当鼠标光标停留在功能区的某个工具上时,在默认情况下,Revit® 会显示工具提示,对该工具进行简要说明,若光标在该功能区上停留的时间较长些,会显示

附加信息，见图 0-18。

（2）应用程序菜单

单击![]按钮，展开应用程序菜单，见图 0-19。

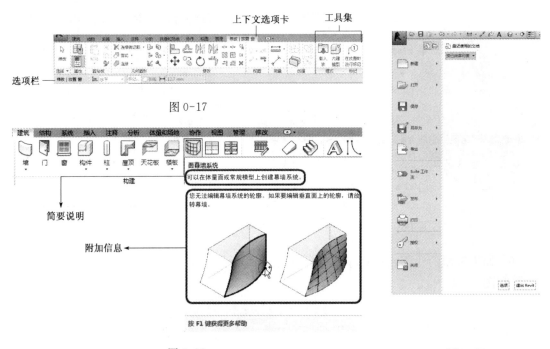

图 0-17

图 0-18

图 0-19

（3）快速访问工具栏

快速访问工具栏默认放置了一些常用的命令和按钮，见图 0-20。

图 0-20

单击"自定义快速访问工具栏"按钮![]，见图 0-21，查看工具栏中的命令，勾选或取消勾选以显示命令或隐藏命令。要向"快速访问工具栏"中添加命令，可右击功能区的按钮，单击"添加到快速访问工具栏"，见图 0-22。反之，右击"快速访问工具栏"中的按钮，单击"从快速访问工具栏中删除"，将该命令从"快速访问工具栏"删除，见图 0-23。

【提示】用户单击"自定义快速访问工具栏"选项，在弹出的对话框中对

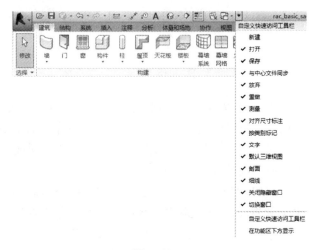

图 0-21

命令进行排序、删除,见图 0-24。

图 0-22

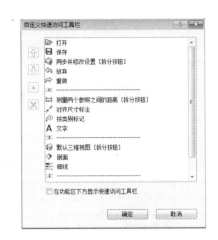

图 0-24

图 0-23

图 0-25

（4）项目浏览器

用于显示当前项目中所有视图、明细表、图纸、族、组、链接的 Revit® 模型和其他部分的逻辑层次。展开和折叠各分支时,将显示下一层项目。选中某视图右键,打开相关下拉菜单,可以对该视图进行"复制"、"删除"、"重命名"和"查找相关视图"等相关操作,见图 0-25。

（5）状态栏

位于 Revit® 应用程序框架的底部。使用当前命令时,状态栏左侧会显示相关的一些技巧或者提示。例如,启动一个命令（如"旋转"）,状态栏会显示有关当前命令的后续操作的提示,见图 0-26。例如,图元

单击输入旋转起始线或拖动或单击旋转中心控制

图 0-26

或构件被选中高亮显示时,状态栏会显示族和类型的名称。

状态栏的右侧显示的内容有:

工作集 :提供对工作共享项目的"工作集"对话框的快速访问。

设计选项 :提供对"设计选项"对话框的快速访问。设计某个项目的大部分内容后,使用设计选项开发项目的备选设计方案。例如,可使用设计选项根据项目范围中的修改进行调整、查阅其他设计,便于用户演示变化部分。

单击和拖曳 ☑单击和拖曳 :0:允许用户单击并拖动图元,而无需先选择该图元。

过滤器 :0:显示选择的图元数并优化在视图中选择的图元类别。

要隐藏状态栏或者状态栏中的工作集、设计选项,单击功能区中"视图"→"用户界面",在"用户界面"下拉菜单中清除相关的勾选标记即可,见图 0-27。

（6）属性

Revit® 默认将"属性"对话框显示在界面左侧。通过"属性"对话框,可以查看和修改用

来定义 Revit® 中图元属性的参数，见图 0-28。

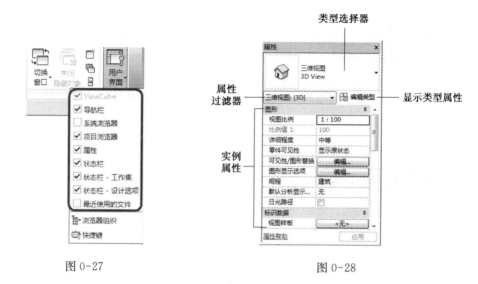

图 0-27   图 0-28

启动"属性"对话框可有以下三种方式：

· 单击功能区中"属性"按钮，打开"属性"对话框，见图 0-29。

· 单击功能区中"视图"→"用户界面"，在"用户界面"下拉菜单中勾选"属性"，见图 0-27。

· 在绘图区域空白处，右键并单击"属性"，见图 0-30。

① 类型选择器：标识当前选择的族类型，并提供一个可从中选择其他类型的下拉列表。例如墙，在"类型选择器"的会显示当前的墙类型为"常规-200 mm"，在下拉菜单中显示出所有类型的墙，见图 0-31。通过"类型选择器"可以指定或替换图元类型。

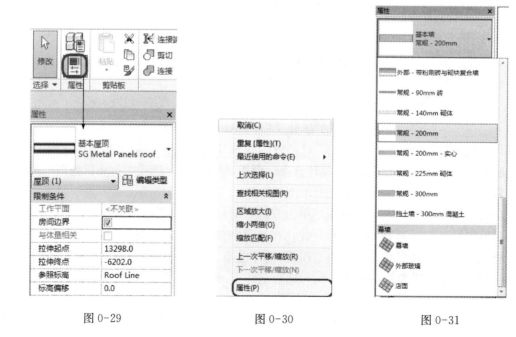

图 0-29   图 0-30   图 0-31

② 属性过滤器:用来标识所选多个图元的数量,或者是即将放置或所选单个图元的类别和数量,见图 0-32。

③ 实例属性:标识项目当前视图属性,或标识所选图元的实例参数,见图 0-33。

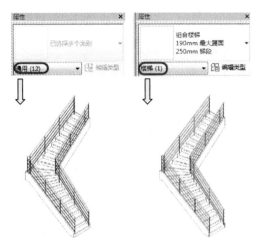

(a) 项目当前视图属性 　　(b) 所选图元实例参数

图 0-32　　　　　　　　　　　　　　　　　图 0-33

④ 类型属性:标识所选图元的类型参数,见图 0-34。

进入"类型属性"对话框有以下两种方式:

➤ 单击"属性"对话框中的"编辑类型"。

➤ 选择图元,单击"类型属性"按钮。

(7) 视图控制栏

视图控制栏位于 Revit® 窗口底部、状态栏上方,见图 0-35,可以快速访问影响绘图区域的功能。

图 0-34

视图控制栏上的命令从左至右分别是:

➤ 比例

➤ 详细程度

➤ 视觉样式

图 0-35

➤ 打开日光/关闭日光/日光设置

➤ 打开阴影/关闭阴影

➤ 显示渲染对话框(仅 3D 视图显示该按钮)

➤ 打开裁剪视图/关闭裁剪视图

➤ 显示裁剪区域/隐藏裁剪区域

➤ 保存方向并锁定视图/恢复方向并锁定视图/解锁视图(仅 3D 视图显示该按钮)

➤ 临时隐藏/隔离

➤ 显示隐藏的图元

【提示】用户可选择"比例"中"自定义"按钮，自定义当前视图的比例，但不能将此自定义比例应用于该项目中的其他视图。

（8）绘图区域

显示当前项目的视图（平面、立面、明细表及报告等），见图 0-36。

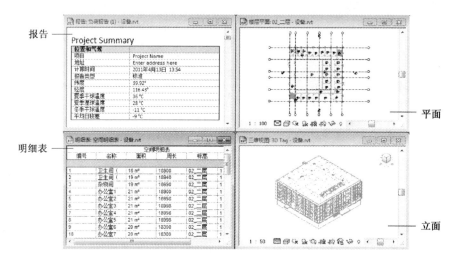

图 0-36

【提示】使用快捷键"WT"可以平铺所有打开的视图。

（9）导航栏

用于访问导航工具，包括全导航控制盘和区域放大、缩小、平移等命令调整窗口中的可示区域，见图 0-37。

（10）信息中心

用户可以使用信息中心搜索信息。速博用户可以单击"速博中心"访问速博服务，一般用户可以单击"通讯中心"按钮访问产品更新，也可以单击"收藏夹"按钮访问保存的主题，见图 0-38。

图 0-37

图 0-38

（11）View Cube

用户可以利用 ViewCube 旋转或重新定向视图，见图 0-39。

2. 族编辑器界面

族编辑器界面与项目界面非常类似（图 0-40），其菜单也和项目界

图 0-39

面多数相同,在此不再一一展开。值得注意的是,族编辑器界面会随着族类别或族样板的不同有所区别,主要是在"创建"面板中的工具以及"项目浏览器"中的视图等会有所不同。

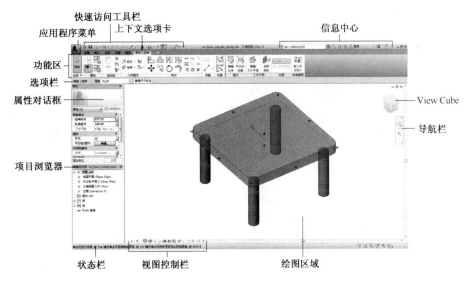

图 0-40

3. 概念体量界面

概念体量是 Revit® 用于创建体量族的特殊环境,其特征是默认在 3D 视图上操作,其形体创建的工具也与常规模型有所不同(图 0-41)。

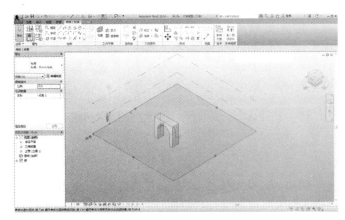

图 0-41

0.3 基本命令

1. 基本命令

Revit® 利用 Ribbon 把用户常用命令都集成在功能区面板上,直观且便于使用,见图0-42。

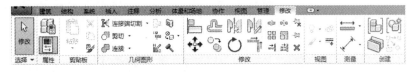

图 0-42

2. 快捷键

常用命令不仅可以单击 Ribbon 上的按钮选用,也可以通过自定义快捷键来使用,快捷键的使用有助于提高设计效率。

(1) 快捷键自定义

Revit® 从 2011 的版本开始,将快捷键自定义直接嵌入软件中,提供给用户更加直观和人性化的界面。

　　具体操作：单击"应用程序菜单" 按钮→"选项"→"用户界面"→"自定义"，打开"快捷键"对话框，见图 0-43。

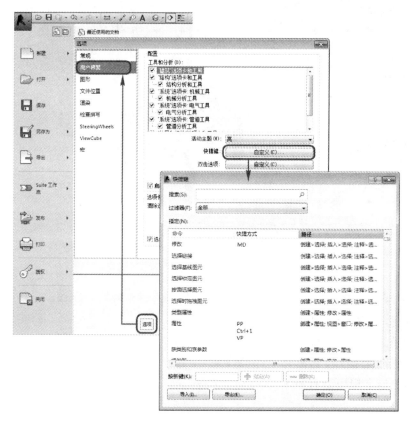

图 0-43

　　例如，为"类型属性"命令设置快捷命令，见图 0-44，选中"类型属性"，在"按新键"一栏内输入"PR"，单击"指定"按钮，则"类型属性"的快捷命令设置为"PR"。

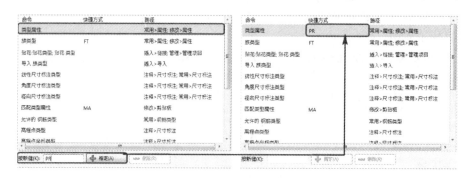

图 0-44

（2）快捷键设置文件

　　通过单击"快捷键"对话框下方的"导出"按钮，把自定义的快捷键设置保存在快捷键设置文件 KeyboardShortcuts. xml,可存于电脑的任何文件夹。当其他用户或电脑自定义快捷键时,把该文件复制到所需用户或电脑上,通过单击"导入"按钮,把所选快捷键设置文件的设置导入软件中,见图 0-43。

【提示】

① 在"搜索"栏中输入所需自定义命令的关键字,就能找到与之相关的命令。例如,输入"墙"关键字搜索,在列表中就会把带"墙"关键字的命令都显示出来,见图 0-45。

② 当输入的快捷键同原有定义的重复了,软件会自动弹出提醒对话框"快捷键方式重复",并告知是同哪个命令重复,见图 0-46。

图 0-45

图 0-46

（3）图元选择

① 点选

选择单个图元时,直接鼠标左键点击即可。选择多个图元时,按住"Ctrl"键,光标逐个点击要选择的图元。取消选择时,按住"Shift"键,光标点击已选择的图元,可以将该图元从选择集中删除。

② 框选

按住鼠标左键,从左向右拖拽光标,则选中矩形范围内的图元。按住"Ctrl"键,可以继续用框选或其他方式选择图元。按住"Shift"键,可以用框选或其他方式将该选择的图元从选择集中删除。

③ 选择全部实例

点选某个图元,然后单击右键,从右键下拉菜单中选择"选择全部实例"命令,见图 0-47,软件会自动选中当前视图或整个项目中所有相同类型的图元实例。这是编辑同类图元最快捷的选择方法。

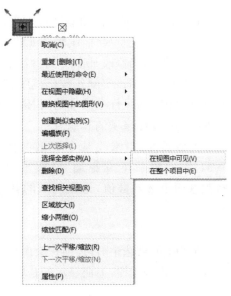

图 0-47

【提示】用"Tab"键可快速选择相连的一组图元:移动光标到其中一个图元附近,当图元高亮显示时,按"Tab"键,相连的这组图元会高亮显示,再单击鼠标左键,就选中了相连的一组图元。

(4) 图元过滤

选中不同图元后,单击功能区中"过滤器"按钮,可在"过滤器"对话框中勾选或者取消勾选图元类别,可过滤已选择的图元,只选择所勾选的类别,见图0-48。

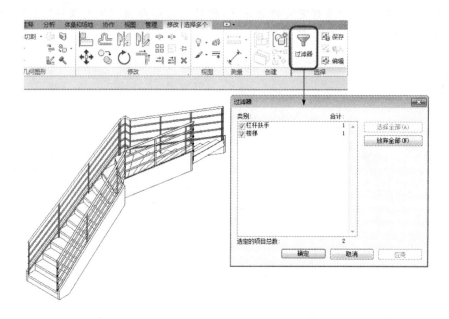

图 0-48

(5) 图元编辑

① 图元编辑属性

选中图元后,单击"功能区"→"属性"直接编辑该图元的实例属性,单击"功能区"→"类型属性"编辑图元的类型属性,见图0-49。

图 0-49

实例属性:当修改某个实例参数值时,修改只对当前选定的图元起作用,而其他图元的该实例参数仍然维持原值,见图0-50,"双扇平开-带贴面"窗族当中"可见性参数带贴面"是实例参数,修改其中一个窗的可见性,并不影响在绘图区域的其他窗。

类型属性:当修改某个类型参数值时,修改对所有相同类型的图元起作用,见图0-51。"双扇平开-带贴面"窗族当中"粗略宽度"和"粗略高度"两参数都是类型参数,修改这两个参数数值,绘图区域的其他"双扇平开-带贴面"窗族的几何尺寸也发生了变化。

② 专用编辑命令

某些图元被选中时,选项栏会出现专用的编辑命令按钮,用以编辑该图元。例如,选择墙时,会出现选项栏,上面显示的是墙相关的专用编辑命令,见图0-52。

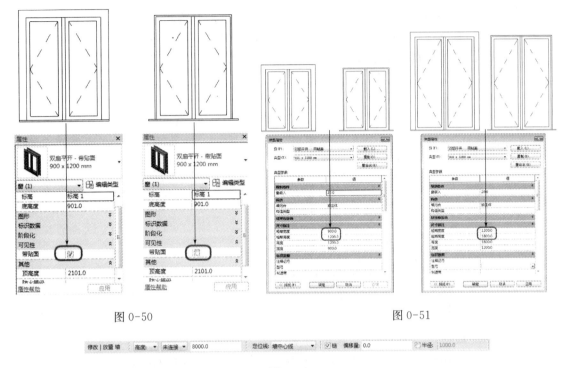

图 0-50　　　　　　　　　　　　　　　　图 0-51

图 0-52

③ 端点编辑

选择图元时,在图元的两端或其他位置会出现蓝色的操作控制柄,通过拖曳来编辑图元。例如图0-53所示墙的两个端点,尺寸标注的尺寸界限端点,文本位置控制点等。

④ 临时尺寸

选择图元时会出现临时尺寸,见图0-54,可以修改图元的位置、长度和尺寸等。

⑤ 专用控制符号

选择某些图元时,在图元附近会出现专用的控制符号,见图0-54,点击控制符号可以调整图元的方向、折断、显示与否、标记位置等。如等径四通的左右内外控制符号,轴网标头的显示控制框、截断符号和锁定符号等。

⑥ 常用编辑命令

在功能区中的"修改"选项卡中提供了对齐、拆分、修剪、偏移、连接几何图形等常用编辑命令,见图0-55。

(6) 隐藏/隔离图元

① 临时隐藏/隔离

单击"视图控制栏"的"临时隐藏/隔离"按钮,见图0-56,其列表中有以下指令:

隔离类别:在当前视图中只显示与选中图元相同类别的所有图元,隐藏不同类别的其他所有图元。

图 0-53

图 0-54

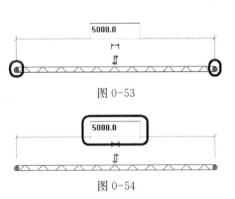

修改

图 0-55

隐藏类别:在当前视图中隐藏与选中图元相同类别的所有图元。

隔离图元:在当前视图中只显示选中图元,隐藏选中图元以外所有对象。

隐藏图元:在当前视图中隐藏选中图元。

重设临时隐藏/隔离:恢复显示所有图元。

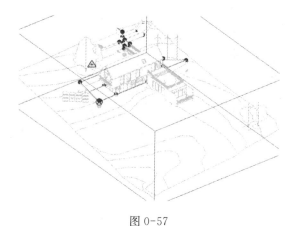

图 0-56 图 0-57

② 显示隐藏图元/关闭"显示隐藏的图元"

单击"视图控制栏"的"显示隐藏图元"按钮,将显示原本被隐藏的图元,且所有隐藏图元会用彩色标识出来,而可见图元为灰色,见图 0-57。

【提示】"临时隐藏/隔离"只能逐个隐藏或者显示所选中的图元。

(7) 视图显示模式控制

平面、立面、剖面、三维视图等可以切换以下六种显示模式:"线框"、"隐藏线"、"着色"、"一致的颜色"、"真实"和"光线追踪",见图 0-58。针对同一模型,这六种显示模式的不同效果,见表 0-1。

图 0-58

表 0-1

线框	隐藏线	着色
一致的颜色	真实	光线追踪

列表中的"图形显示选项"对话框中的设置用于增强模型视图的视觉效果,见图 0-59。

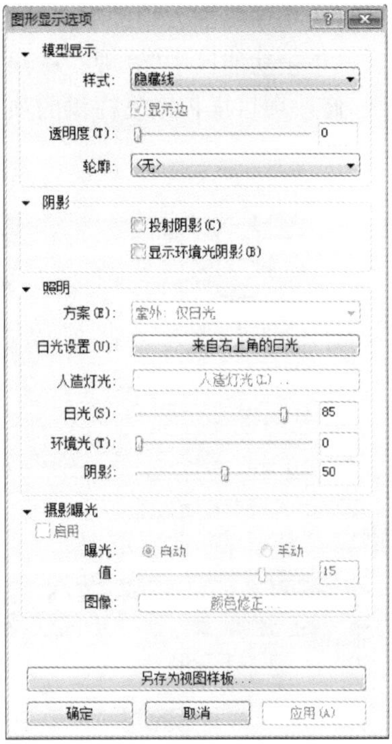

0.4 文件格式

1. 4 种基本文件格式

(1) RTE 格式

Revit® 的项目样板文件格式。包含项目单位、标注样式、文字样式、线型、线宽、线样式、导入/导出设置等内容。为规范设计和避免重复设置,对 Revit® 自带的项目样板文件,根据用户自身的需求、内部标准先行设置,并保存成项目样板文件,便于用户新建项目文件时选用。

(2) RVT 格式

Revit® 生成的项目文件格式。包含项目所有的建筑模型、注释、视图、图纸等项目内容。通常基于项目样板文件(RTE 文件)创建项目文件,编辑完成后保存为 RVT文件,作为设计所用的项目文件。

(3) RFT 格式

创建 Revit® 可载入族的样板文件格式。创建不同类别的族要选择不同的族样板文件。

图 0-59

(4) RFA 格式

Revit® 可载入族的文件格式。用户可以根据项目需要创建自己的常用族文件,以便随时在项目中调用。

2. 支持的其他文件格式

在项目设计、管理时,用户经常会使用多种设计、管理工具来实现自己的意图,为了实现多软件环境的协同工作,Revit® 提供了"导入"、"链接"、"导出"工具,可以支持 CAD,FBX,DWF,IFC,gbXML 等多种文件格式。用户可以依据需要进行有选择地导入和导出。

0.5 如何开始一个项目

一个项目是由项目样板开始的。项目样板承载着项目的各种信息,以及用于构成项目的各种图元。Revit® 依据不同专业的通用需求,随产品发布了适用于建筑、结构、MEP 的项目样板。但通常,依据项目的特性,需要对项目样板进行定制。

定制一个项目样板可以包括以下几个方面:项目信息、项目参数、项目单位、视图样板、项目视图、族、对象样式、可见性/图形替换、打印设置。

1. 项目信息

单击功能区中的"管理"面板上的"项目信息"按钮,激活"项目属性"对话框(图 0-60)。在此对话框中,可以输入当前项目的单位、名称、描述、日期、状态等信息。这些信息可以被图纸空间所调用。

2. 项目参数

项目参数是定义后添加到项目的参数。项目参数仅应用于当前项目,不出现在标记中,可以应用于明细表中的字段选择。

单击功能区中"管理"→"项目参数",在"项目参数"对话框中,用户可以添加新的项目参数、修改项目样板中已提供的项目参数或删除不需要的项目参数,见图0-61。

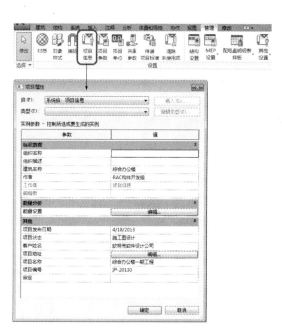

图0-60

图0-61

单击"添加"或"修改",在打开的"参数属性"对话框中进行编辑,见图0-61。

·名称:输入添加的项目参数名称,软件不支持划线。

·规程:定义项目参数的规程。共五个规程可供选择,建筑/结构/机械/电气/管道。

·参数类型:指定参数的类型,不同的参数类型具有不同的特点和单位。

·参数分组方式:定义参数的组别。

·实例/类型:指定项目参数属于"实例"或"类型"。

·类别:决定要应用此参数的图元类别,可多选。

3. 项目单位

用于指定项目中各类参数单位的显示格式。项目单位的设置直接影响明细表、报告及打印等输出数据。

单击功能区中"管理"→"项目单位",打开"项目单位"对话框,按照不同的规程(如公共、结构、HVAC、电气、管道、能量)设置,见图0-62。

图0-62

例如,选择规程"公共",打开"长度"的"格式"对话框,用户可以选择符合当前项目标准的单位进行编辑,见图0-63。

图 0-63

· 单位:用户可以选择英制或公制的长度单位,公制的长度单位有"米"、"分米"、"厘米"和"毫米"等。

· 舍入:数字可以选择圆整到千位、百位、个位或者保留小数位,用户也可以在右侧"舍入增量"对话框中自定义。

· 单位符号:可以选择显示单位,也可以选择不显示单位。例如,不选择显示单位的时候,在"公共"下拉菜单中的"长度"格式上显示的 mm 是用中括号括起来的。

· 消除后续零:勾选此项,将不显示后续零。例如,123.400将显示为123.4。

· 消除零英尺:勾选此项,将不显示零英尺。例如,0'—4"将显示为4"。

· 正值显示"+":勾选此项,将在正数前加"+"。例如,45 将显示为+45,此项可用于"长度"及"坡度"单位。

· 使用数位分组:勾选此项,将数字用","分位。例如,1234 将显示为1,234。

· 消除空格:勾选此项,将消除英尺和分式英寸两侧的空格。例如,1'—2"将显示为1'2",此项可用于"长度"及"坡度"单位。

4. 视图样板

单击工具栏的"视图"→"图形"面板上的"视图样板"下拉菜单,选择"管理视图样板",激活"视图样板"对话框(图0-64)。在此对话框中列出了当前项目所调用的所有视图样板,并可以对视图样板的属性做修改。例如,在当前视图样板中,模型图元、注释图元等的可见性,图形显示选项和渲染设置等。可以通过基于已有某个视图样板做复制并修改,生成新的视图样板;也可以重命名或删除视图样板。

其中,"视图比例","比例值1:","显示模型"和"详细程度"与"视图控制栏"里的设置相对应(参见第1章"1.3基本命令","7.视图显示模式控制");"V/G 替换模型"等一系列"V/G"控制与"可见性/图形替换"控制面板相对应(参见第0章"0.1.8 可见性/图形替换");"模型显示","阴影"等,与"图形显示选项(G)…"面板相对应。见图0-65。

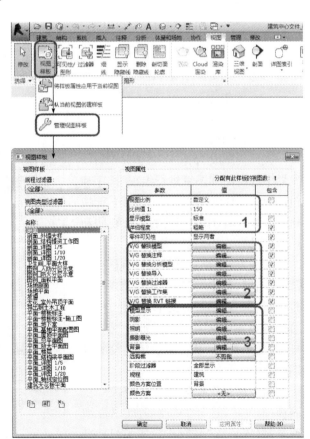

图 0-64

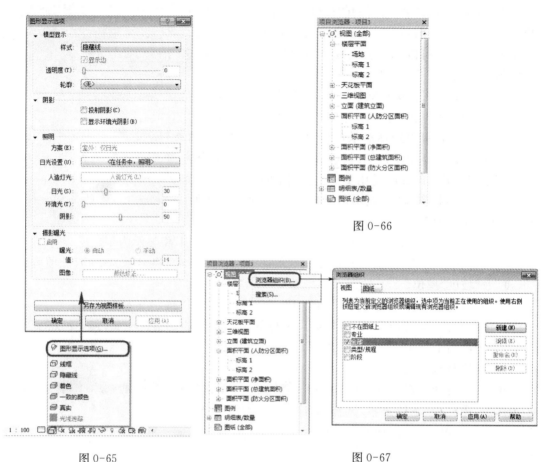

图 0-66

图 0-65

图 0-67

5. 项目视图

按照视图或图纸的属性值对项目浏览器中的视图和图纸进行组织、排序和过滤，便于用户管理视图和图纸，并能快速有效的查看、编辑相关的工作视图和图纸。视图组织结构见图 0-66。

单击"项目浏览器"中的"视图（全部）"，右键，单击"浏览器组织（B）…"，打开"浏览器组织"对话框，见图 0-67，可以调整浏览器组织，例如按"类型/规程"显示视图，以及显示某阶段的视图等。

可以通过选择某个视图，右键"复制视图（V）"，选择"复制（L）"，"带细节复制（W）"或"复制作为相关（I）"来生成一个新的视图，见图 0-68。

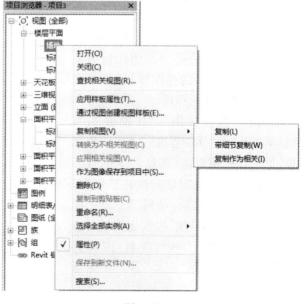

图 0-68

在新视图中,除了可以重命名该视图以外,还可以修改其属性。例如"视图比例"、"详细程度"、"可见性/图形替换"、"视图样板"和"视图范围"等,也可通过点击"编辑类型"编辑该视图的类型属性,包括"详图索引标记"、"标签"等。其中,单击"查看应用到新视图的样板"右侧的"无",激活"应用视图样板"对话框,可以选择预设的某个视图样板,应用到当前视图中,见图0-69,视图样板的设置参见"0.5.4 视图样板"。

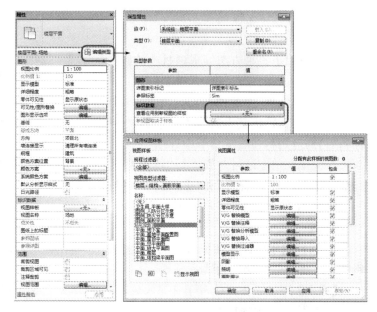

图 0-69

6. 族

定制项目样板中的族可以包括载入可导入族和编辑族(包括系统族和可导入族)两部分。

(1) 载入族

使用 Revit® 进行项目设计,如果没有族几乎"寸步难行"。定制项目样板时,应考虑将本项目最常用的族先加载到项目样板中,方便随时调用放置。新建或打开一个项目文件,单击功能区中"插入"→"载入族",打开"载入族"对话框,见图 0-70。可以单选和复选要载入的族,然后单击对话框右下角的"打开",选择的族即被载入到项目中。

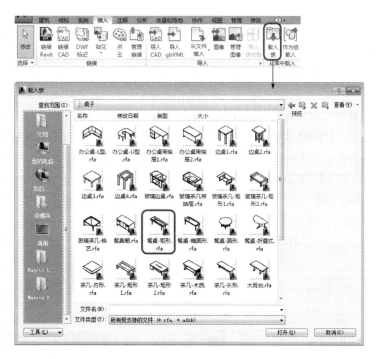

图 0-70

在项目文件中,通过单击"项目浏览器"中的"族"列表查看项目中所有的族,见图0-71。"族"列表按族类别分组显示,如"家具"族类别、"幕墙嵌板"族类别等。各族类别的族及其族类型都显示在列表中,例如图中所示的"餐桌-矩形"是族名,"0762×1 525 mm"等是这个族的族类型名。

（2）编辑可导入族

① 编辑项目中的族

可通过以下三种方法编辑项目中的族：

a. 在"项目浏览器"中，选择要编辑的族名，右击鼠标，单击快捷菜单中的"编辑"。此操作将打开"族编辑器"，在"族编辑器"中编辑族文件后，再将其重新载入到项目文件中，覆盖原来的族（"族编辑器"的应用将在后续章节中详细介绍）。

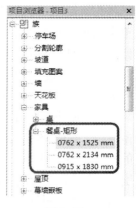

图 0-71

在快捷菜单中还可对族进行"新建类型"、"使工作集可编辑"、"删除"、"重命名"、"保存"和"重新载入"的操作。

b. 如果族已放置在项目绘图区域中，可以双击该族，将打开"族编辑器"。

c. 同样对于已放置在项目绘图区域中的族，单击族后右击鼠标，在快捷菜单中单击"编辑族"，也将打开"族编辑器"。

【提示】上述方法只适用于可导入族的编辑，不适用于系统族的编辑。

② 编辑项目中的族类型

可通过以下两种方法编辑项目中的族类型：

a. 在"项目浏览器"中，选择要编辑的族类型名，双击鼠标（或右击鼠标，单击快捷菜单中的"类型属性"），打开"类型属性"对话框，见图 0-72。

单击该对话框右上角的"载入"按钮，可以载入一个与所选族相同族类别的族。单击"复制"可以基于当前选择的族类型为该族新建一个族类型。单击"重命名"可以重命名当前选择的族类型。

b. 如果族已放置在项目绘图区域中，可以单击该族，然后在"属性"对话框中单击"编辑类型"，也将打开"类型属性"对话框。

【提示】要选择某个族类型的所有实例，可以在"项目浏览器"中或绘图区域右击该族类型，单击快捷菜单中的"选择全部实例"，选择"在视图中可见"或选择"在整个项目中"的实例，见图 0-73。这些实例将在绘图区域高亮显示，同时在 Revit® 窗口右下角 图标显示选定图元的个数。

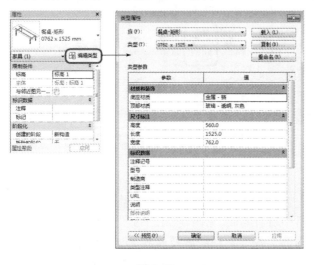

图 0-72   图 0-73

（3）编辑系统族

Revit®项目样板中建筑设计常用的系统族有墙、楼板、天花板、屋顶和栏杆扶手等。系统族不可以通过族编辑器创建，只能在项目环境进行编辑。以墙为例，单击功能区"建筑"→"构建"→"墙"，在属性选项卡中可以看到当前项目样板中已有的全部墙样式，见图0-74。

如果需要新建墙样式，则需选择某种墙样式，通过"编辑类型"，在"类型属性"对话框中"复制"一个新的墙样式并命名，再进一步对新的墙样式的类型参数进行修改。系统族的类型参数依据系统族的特性不尽相同。以墙为例，其"结构"为类型参数，单击"编辑"，可以激活"编辑部件"对话框，在此对墙的构造、不同层的材质、厚度进行编辑，见图0-75。

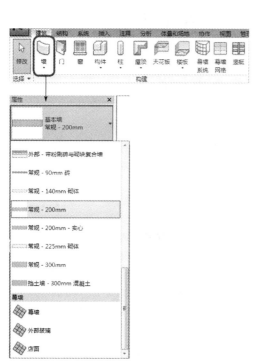

图 0-74

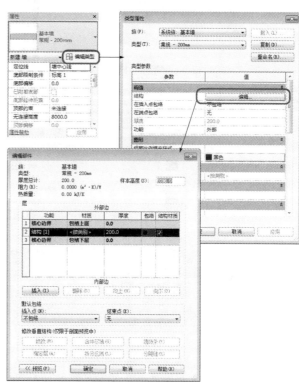

图 0-75

7. 对象样式

对象样式为项目中的模型对象、注释对象、分析模型对象和导入对象的不同类别和子类别制指定线宽、线颜色、线型图案及材质。单击功能区中的"管理"面板上的"对象样式"按钮，激活"对象样式"对话框。在"对象样式"对话框中，第一级目录是项目文件中所有族的类别，包括系统族和可导入族；第二级目录是该类别的族包含的所有子类别。通过"对象样式"对话框，可以对子类别的线宽、线颜色、线型图案和材质等进行设置和调节（图0-76，修改子类别的材质）。在此对话框中，还可以对子类别进行新建、删除和重命名。

（1）线宽

单击功能区中"管理"→"其他设置"→"线宽"，在打开的对话框中，可以对模型线宽、透视视图线宽或注释线宽进行编辑，见图0-77。

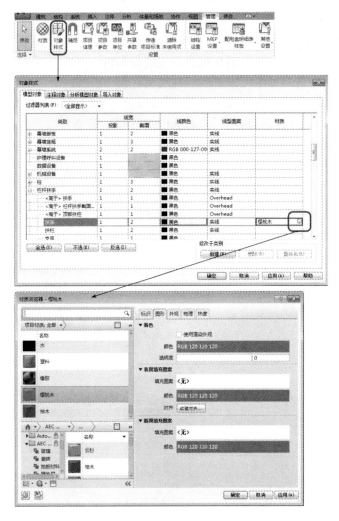

图 0-76

图 0-77

·模型线宽:指定正交视图中模型构件(如墙、楼梯和门窗)的线宽,随视图的比例大小变化。

·透视视图线宽:指定透视视图中模型构件的线宽。

·注释线宽:用于控制注释对象(如剖面线和尺寸标注线)的线宽。

·透视视图线和注释线同视图比例没有关系。

(2)线颜色

对各类不同图元设置不同的颜色。

(3)线型图案

单击功能区中"管理"→"其他设置"→"线型图案",在打开的对话框中,可新建线型图案,也可以对现有线型图案进行编辑、删除及重命名,见图0-78。

图 0-78

图 0-79

单击"新建"按钮,在打开的线型图案属性对话框中用划线、点和空间编辑新的线型图案。例如,双点划线,见图0-79。

(4)材质

单击功能区中"管理"面板上的"材质"按钮,激活材质浏览器(图0-79)。材质浏览器主要分四个部分,图0-80中1为项目材质,亦即这些材质都是存在本地项目中,为当前项目所调用的。2为软件材质库列表,用户可加载或自定义材质库。材质库中的材质并未存在当前项目中,用户可选用材质库中的材质并导入项目中,再进行修改或选用。3为材质库中某类材质的具体列表,如图0-80所示,石材类材质有碎石、石料和石灰石等若干预设材质。4为某个材质的具体属性。一般项目中的材质最多可以具有"标识"、

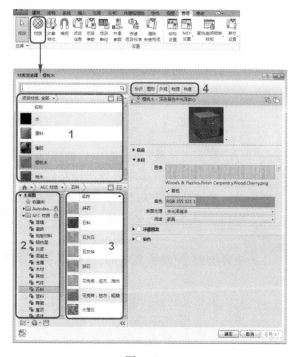

图 0-80

"图形"、"外观"、"物理"和"热度"五个方面的属性。用户可通过修改属性或调用新的属性集来修改当前材质。

8. 可见性/图形替换

有以下两种方式可以打开"可见性/图形替换"对话框：

a. 单击功能区中"视图"→"可见性/图形"，打开"可见性/图形替换"对话框，见图0-81。

b. 输入快捷键"VV"或"VG"打开。

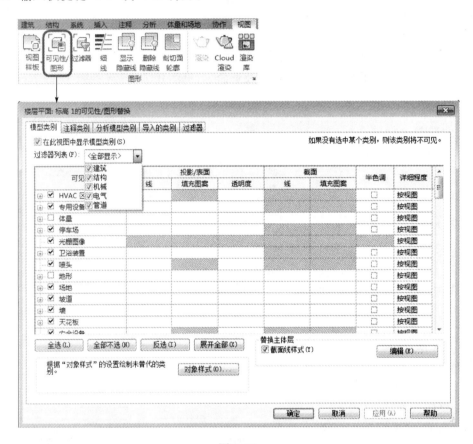

图 0-81

"可见性/图形替换"对话框中分别按"模型类别"、"注释类别"、"分析模型类别"、"导入的类别"、"过滤器"五个选项卡分类控制各种图元类别的可见性和线样式等。取消勾选图元类别前面的复选框即可关闭这一类型图元显示。

· 模型类别:控制各种设备、门窗、楼板、墙、体量等模型构件的可见性、线样式及详细程度等。

· 注释类型:控制所有立面、剖面符号、门窗标记、尺寸标注等注释图元的可见性和线样式等。

· 分析模型类别:结构模型分析使用。

· 导入的类型:控制导入的外部 CAD 格式文件图元的可见性和线样式等。仍按图层控制。

· 过滤器:使用过滤器可以替换图形的外观,还可以控制特定视图中所有共享公共属性的图元可见性。需要先创建过滤器,然后再设置可见性。

除以上五项是常规选项卡外,还有以下两项动态选项卡。

· Revit®链接:导入外部 Revit®项目文件后激活该选项卡。用来控制导入的文件中的图元的可见性和线模式等。默认随主体文件的显示设置,可以单独控制。

· 工作集:协同工作时"工作集"功能激活后显示该选项卡。

第1天 设 计 初 期

通过前一篇章的介绍，相信大家对 Autodesk® Revit® 2014 已经有了一个初步的认识。那么从现在开始就要真正进入到创建一个项目的学习阶段了。

第一天的任务主要是模拟方案阶段的设计需要，带领大家一起来学习如何创建轴网和标高、如何建立场地、如何通过 Autodesk® Revit® 2014 的概念设计环境创建体量模型以及通过对体量模型的研究得到所需的面积数据和能量分析报告等。

工作流程图如图 1-1 所示。

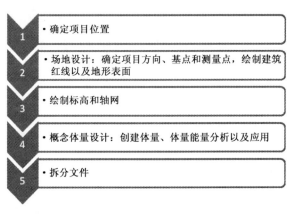

1 · 确定项目位置

2 · 场地设计：确定项目方向、基点和测量点，绘制建筑红线以及地形表面

3 · 绘制标高和轴网

4 · 概念体量设计：创建体量、体量能量分析以及应用

5 · 拆分文件

图 1-1

1.1 项目位置

当开始一个项目，首先可以使用街道地址、距离最近的主要城市或经纬度来指定它的地理位置。确定地理位置将有助于今后对该项目做一些日照分析研究或在渲染和漫游中得到特定的阴影效果。而根据地理位置得到一些气象信息将在能耗分析中被充分应用。

有关于漫游、渲染、能耗分析及日照分析，详见"第 5 天 表现和分析"的具体内容。

单击"应用程序菜单" 按钮→"新建"→"项目"，打开"新建项目"对话框。在"样板文件"中选择"建筑样板"选项，单击"确定"。

单击功能区中"管理"选项卡→"项目位置"面板→ "地点"按钮。

1.1.1 Internet 映射服务

如果计算机已经有效地连接到了 Internet，可以在"定义位置依据"下拉列表中选择"Internet 映射服务"选项，通过 Google Maps™（谷歌地图）地图服务显示互动的地图，见图1-2。

1. 通过输入"街道地址、省/州和市"查找

在"项目地址"处键入"上海"，然后单击"搜索"。

图 1-2

在谷歌地图给出的提示中单击"1：中国上海"，见图1-3。此时将看到一些地理信息，包括项目地址、经纬度等，见图1-4。

图1-3   图1-4

2. 通过输入"经纬度"查找

在"项目地址"栏里，按"＜纬度＞，＜经度＞"格式输入经纬度坐标。

1.1.2 默认城市列表

当计算机不能连接到Internet时，也可以通过"定义位置依据"列表中的"默认城市列表"选项直接选择城市，见图1-5和图1-6。同样的，也可以直接输入城市的经纬度值来指定项目的位置，见图1-7。

1.1.3 天气

打开"地点"对话框，切换到"天气"选项卡，可以看到这里已经提供相应的气象信息，见图1-8。

图1-5   图1-6

图 1-7

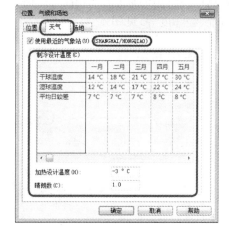

图 1-8

1.2　场地设计

　　进行场地设计时，多是在"场地"平面视图或三维视图中进行。由于场地的规模一般比较大，可以先将"场地"平面视图的比例调整为 1∶500。并将"视觉样式"调整为"带边框着色"，以便于之后观察模型。

　　本章节"1.2 场地设计"中的功能及步骤介绍仅作为演示供读者学习，要继续下面的项目创建可直接调用 DVD 中的"第一天\D1_场地_建筑红线＋地形平面 2. rvt"。

1.2.1　场地设置

　　在开始场地设计之前，可以根据需要对场地做一个全局设置。包括定义等高线间隔、添加用户定义的等高线，以及选择剖面填充样式等。

　　单击功能区中"体量和场地"选项卡→"场地建模"面板→ 箭头 按钮，见图 1-9。

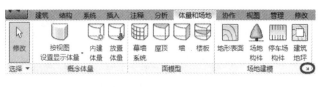

图 1-9

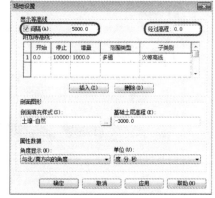

图 1-10

1. 显示等高线并定义间隔

（1）间隔

　　在"显示等高线"中勾选"间隔"，并输入一个值可作为等高线间隔，见图 1-10。

（2）经过高程

　　见图 1-10。如果将等高线间隔设置为 10 000 mm，当"经过高程"值设置为 0 mm 时，等高线将出现在 −20 m、−10 m、0、10 m、20 m 的位置。当"经过高程"的值设置为 5 000 mm 时，则等高线会出现在 −25 m、−15 m、−5 m、5 m、15 m、25 m 的位置。

2. 将自定义等高线添加到平面中

在"显示等高线"中清除"间隔",就可以在"附加等高线中"添加自定义等高线。

(1) 单一值

当"范围类型"为单一值时:对于"起点",可指定等高线的高程;对于"子类别",可指定等高线的线样式,见图 1-11。

(2) 多值

当"范围类型"为多值时,可指定附加等高线的"起点"、"终点"和"增量";对于"子类别",请指定等高线的线样式,见图 1-12。

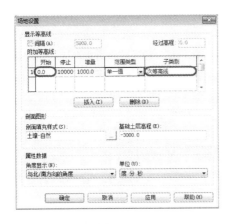 

图 1-11   图 1-12

3. 指定剖面图形

(1) 剖面填充样式

可选择一种在剖面视图中显示场地的材质作为"剖面填充样式",见图 1-13。

(2) 基础土层高程

输入一个值作为"基础土层高程",可以控制土壤横断面的深度。该值控制项目中全部地形图元的土层深度,见图 1-13。

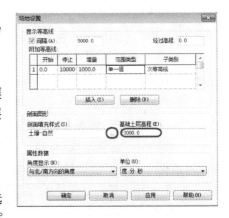

4. 指定属性数据设置

(1) 角度显示

这里提供了"度"和"与北/南方向的角度"两种选项。如果选择"度",则在建筑红线方向角表中以 360°方向标准显示建筑红线,并在建筑红线方向角表中使

图 1-13

用相同的符号显示建筑红线标记,见图 1-14 和图 1-15。有关如何绘制"建筑红线"及查看"建筑红线方向角表",详见"1.2 场地设计"的"1.2.2 建筑红线"章节中的具体介绍。

(2) 单位

这里提供了"度、分、秒"和"十进制度数"两种选项。不同的设置,将对应在建筑红线方向角表中的不同角度显示单位,见图 1-16 和图 1-17。

本项目将全部采用该项目样板默认的场地设置。

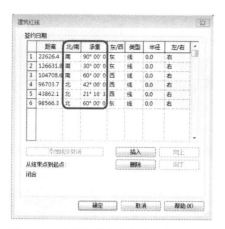

图 1-14 建筑红线方向角表："角度显示"
选项为"与北/南方向的角度"

图 1-15 建筑红线方向角表："角度显示
"选项为"度"

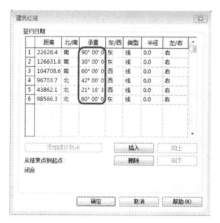

图 1-16 建筑红线方向角表："单位"
选项为"度、分、秒"

图 1-17 建筑红线方向角表："单位"
选项为"十进制度数"

1.2.2 建筑红线

1. 绘制建筑红线

单击功能区中"体量和场地"选项卡→"修改
场地"面板→ "建筑红线"按钮。在"创建建筑红
线"对话框中选择"通过输入距离和方向角来创
建"，见图 1-18。然后在激活的"建筑红线"对话框
中依次输入"距离"、"北/南"、"承重"和"东/西"的
值，见图 1-19。最后在绘制区域单击某个位置以
放置建筑红线图形，见图 1-20。

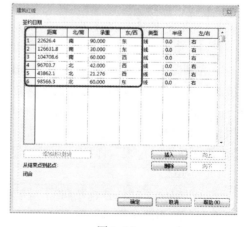

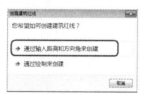

图 1-18

图 1-19

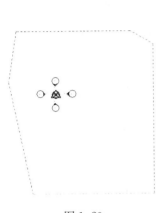

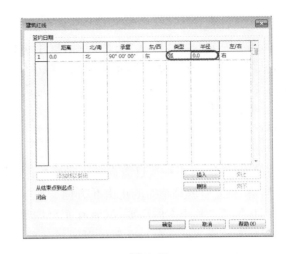

图 1-20　　　　　　　　　　　　　　　图 1-21

【提示】Revit® 对测试量数据使用正北。

【知识扩展】

2. 将建筑红线描绘为弧

分别输入"距离"和"方向"的值,用于描绘弧上两点之间的线段。然后选择"弧"作为"类型",并输入一个值作为"半径",见图 1-21。

如果弧出现在线段的左侧,选择"左"作为"左/右"。如果弧出现在线段的右侧,则选择"右"。

【提示】半径值必须大于线段长度的二分之一。半径越大,形成的圆越大,产生的弧也越平。

3. 修改建筑红线顺序

单击"向上"和"向下"可以修改建筑红线的每个点的顺序,见图 1-22。

4. 修改建筑红线

选中"建筑红线",单击功能区中"修改 | 建筑红线"选项卡→"建筑红线"面板→ "编辑表格"按钮。在激活"建筑红线"对话框后,可以通过修改相应的值重新生成新的建筑红线,见图 1-23。

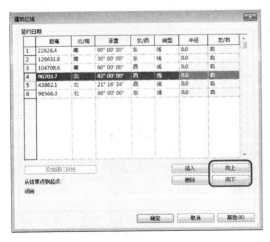

图 1-22　　　　　　　　　　　　　　　图 1-23

5. 建筑红线面积

单击选中"建筑红线"，在"属性"对话框中可以看到建筑红线面积值，见图 1-24。该值为只读，不可在此参数中输入新的值。在项目所需的经济技术指标中可根据此数据填写基地面积。

1.2.3 项目方向

根据建筑红线形状，确定本项目所建建筑的建筑角为"北偏东30°"，以此可确定项目文件中的项目方向。

在 Revit® 中，有两种项目方向。一种为"正北"，另一种是"项目北"。所谓"正北"，就是绝对的正南北方向。而当建筑的方向不是正南北方向时，考虑到出图的需要，通常在平面图纸上不易表现为成角度的、反映真实南北的图形。此时可以通过将项目方向调整为"项目北"，而达到使建筑模型具有正南北布局效果的图形表现。

图 1-24

【知识扩展】

通常情况下，"场地"平面视图采用的是"正北"方向；而其余楼层平面视图采用的是"项目北"方向。

1. 旋转项目北

默认情况下，场地平面的项目方向为"正北"。旋转项目北，可调整项目偏移正南北的方向。在项目浏览器中，单击"场地"平面视图。观察"属性"对话框，可见"方向"为"正北"，见图 1-25。

单击功能区中"管理"选项卡→"项目位置"面板→ "地点"按钮。在"位置、气候和场地"对话框中单击"场地"标签，可确认目前项目的方向，见图1-26。单击"取消"退出。

图 1-25

图 1-26

单击功能区中"管理"选项卡→"项目位置"面板→ "位置"下拉菜单下的 "旋转项目北"按钮，见图 1-27。

图 1-27

在"旋转项目"对话框中单击选择"顺时针 90°",见图 1-28。在右下角的警告对话框中单击"确定"按钮,此时项目方向将自动更新,见图 1-29。再次查看"位置、气候和场地"下"场地"选项卡中的方向数据,可发现角度已调整为 120°。

图 1-28　　　　　　　　　　　　　　　　　　　图 1-29

2. 旋转正北

单击功能区中"管理"选项卡→"项目位置"面板→ "位置"下拉菜单单下的 "旋转正北"按钮,见图 1-30。在选项栏中输入"从项目到正北方向的角度"值为 30°,方向选择为"东",见图 1-31。也可以直接在绘图区域进行旋转。此时再将"场地"平面视图的"方向"调整为"项目北",建筑红线会自动根据项目北的方向调整角度,见图 1-32。

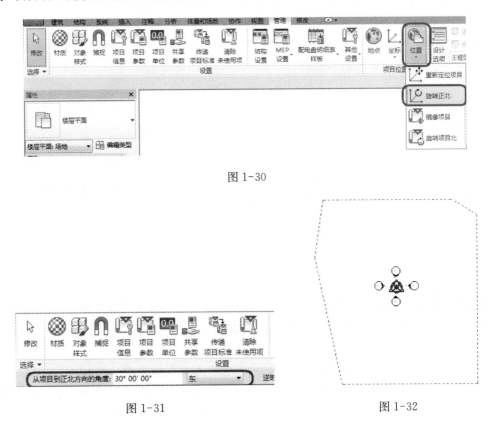

图 1-30

图 1-31　　　　　　　　　　　　　　　　　　　图 1-32

1.2.4 地形表面

在三维视图或场地平面中,"地形表面"工具可以通过放置点、导入 DWG、DXF 或 DGN 格式的三维等高线数据或使用点文件来定义地形表面。本节将介绍通过"放置点"的方式来创建地形表面。

1. 创建地形表面

(1) 新建地形表面

单击功能区中"体量和场地"选项卡→"场地建模"面板→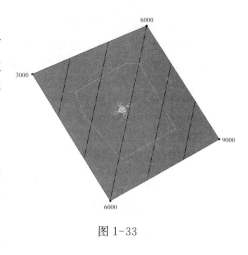"地形表面"按钮。通过"放置点"工具,并同时在选项栏上设置"绝对高程"的值,来完成地形表面的创建。单击可放置一个点,在下一次单击放置点前可重新输入新的高程值,这个值将是下一个点的高程值。依次输入 3 000,6 000,9 000,6 000,并分别确定 4 个点,见图 1-33。单击 ✔ "完成表面"按钮退出。

图 1-33

(2) 修改地形表面

① 单击选择刚才绘制的"地形表面",然后单击功能区中"修改│地形"选项卡→"表面"面板→ "编辑表面"按钮。

② 单击功能区中"修改│编辑表面"选项卡→"工具"面板→ "放置点"按钮。此时就可以在这个地形表面范围内任意位置放置点,并同时指定它的高程。在选项栏上选择"相对于表面"选项,见图 1-34。依次输入 3 000,6 000,3 000,并分别确定 3 个点,见图 1-35。单击 ✔ "完成表面"按钮,退出编辑状态。通过该选项,可以将点放置在现有地形表面上的指定高程处,它的基准面是地形表面。

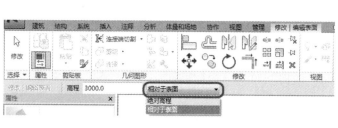

图 1-34

图 1-35

【知识扩展】 新建地形表面时,只有一种"绝对高程"选项。而当编辑一个地形表面时,除了"绝对高程",还有一种"相对于表面"选项。

2. 简化地形表面

简化表面可以提高系统的性能,特别是对于带有大量点的表面。

单击选择"地形表面",然后单击功能区中"修改│地形"选项卡→"表面"面板→"编辑表面"按钮。然后单击功能区中"修改│编辑表面"选项卡→"工具"面板→ "简化表面"按钮。

然后在"简化表面"对话框中重新输入精度值,见图1-36。最后单击✔"完成表面"按钮退出。

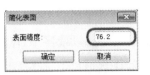

图 1-36

3. 地形表面子面域

(1) 创建子面域

地形表面子面域是在现有地形表面中绘制的区域。创建子面域不会生成单独的表面。它仅定义可应用不同属性集(例如材质)的表面区域。例如,可以使用子面域在平整表面、道路或岛上绘制停车场。

单击功能区中"体量和场地"选项卡→"修改场地"面板→🖳"子面域"按钮。

在绘图区域单击确定4个点以形成一个封闭图形,见图1-37。最后单击✔"完成编辑模式"按钮退出。

图 1-37

单击选择刚才创建的"子面域",在"属性"面板上单击"材质"按钮,见图1-38。然后在"材质浏览器"中选择"场地-碎石",单击"确定",见图1-39和图1-40。

图 1-38

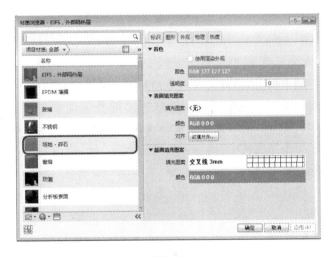

图 1-39

(2) 修改子面域边界

选择"子面域",然后单击功能区中"修改|地形"选项卡→"子面域"面板→"编辑边界"按钮。可在此编辑模式下修改子面域的边界。最后单击✔"完成编辑模式"按钮退出。

4. 拆分/合并地形表面

(1) 拆分地形表面

一个地形表面也可以被拆分为两个不同的表面,然后被分别编辑。在拆分表面后,可以为这些表面指定不同的材质来表示公路、湖、广场或丘陵。也可以在拆分

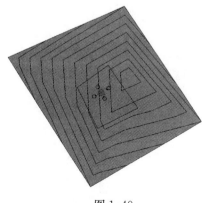

图 1-40

后删除地形表面的一部分。

单击功能区中"体量和场地"选项卡→"修改场地"面板→"拆分表面"按钮。然后在绘图区域单击选择所要拆分的地形表面,并可进入到草图模式进行绘制,添加两条直线,见图1-41。最后单击 ✓"完成编辑模式"按钮退出,该地形表面被拆分成两个表面。

选择其中一个地形表面,并改变其材质为"场地-碎石",见图1-42。

图 1-41

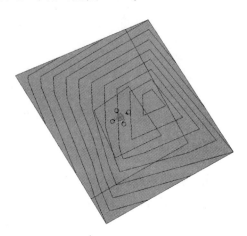

图 1-42

(2)合并地形表面

除了拆分,也可以将两个单独的地形表面合并为一个表面。此工具对于重新连接拆分表面非常有用。要合并的表面必须重叠或共享公共边。

单击功能区中"体量和场地"选项卡→"修改场地"面板→"合并表面"按钮。

然后依次选择两个需要合并的表面,见图1-43。

【提示】

➢ 合并后的地形表面属性将继承合并时第一个被选择的地形表面属性。

➢ 在"合并表面"时,选项栏上将自动勾选"删除公共边上的点"选项,见图1-44。

图 1-43

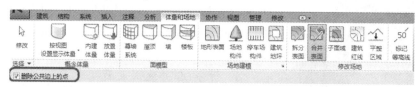

图 1-44

1.2.5 项目基点与测量点

每个项目都有项目基点⊗和测量点△,但是由于可见性设置和视图剪裁,它们不一定在所有的视图中都可见。这两个点是无法删除的。在"场地"视图中默认显示测量点与项目基点。

项目基点定义了项目坐标系的原点(0，0，0)。此外，项目基点还可用于在场地中确定建筑的位置以及定位建筑的设计图元。参照项目坐标系的高程点坐标和高程点将相对于此点显示相应数据。

测量点代表现实世界中的已知点，例如大地测量标记。它可用于在其他坐标系(如在土木工程应用程序中使用的坐标系)中正确确定建筑几何图形的方向。

打开DVD中"第一天\D1_场地_建筑红线＋地形平面1.rvt"，在此项目文件中可继续进行项目基点和测量点的调整。

1. 移动项目基点和测量点

在"场地"视图中单击"项目基点"，分别输入"北/南"和"东/西"的值为100 000，100 000，见图1-45。此时项目位置相对于测量点将发生移动，见图1-46。

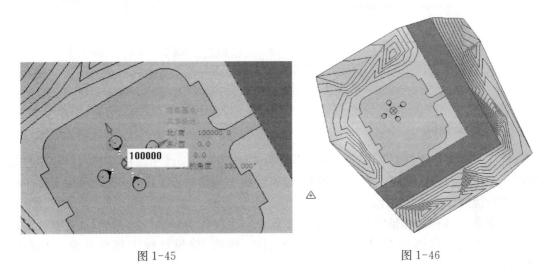

图1-45   图1-46

2. 固定项目基点和测量点

为了防止因为误操作而移动了项目基点和测量点，可以在单击选中点后，单击功能区中"修改|项目基点"或"修改|测量点"选项卡→"视图"面板→"锁定"按钮，来固定这两个点的位置，见图1-47。

图1-47

【知识扩展】

3. 使项目基点和测量点可见

单击功能区中"体量和场地"选项卡→"场地建模"面板→"地形表面"按钮，见图1-48。

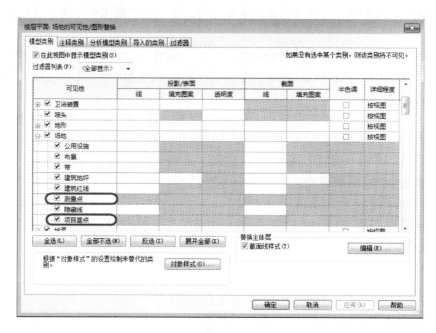

图 1-48

1.3 标高和轴网

标高和轴网是建筑单体设计中首先确定的部分。在 Revit® 中将标高和轴网称作是基准图元。打开 DVD 中"第一天\D1_场地_建筑红线＋地形平面 2.rvt",在此项目文件中可继续进行轴网和标高的创建。

本章节"1.3 标高和轴网"中的功能及步骤介绍也仅作为演示供读者学习,要继续下面的项目创建可直接调用 DVD 中的"第一天\D1_场地_建筑红线＋地形平面＋标高轴网.rvt"。

【提示】 为了避免因为对轴网和标高的误操作而可能导致的整个模型的重建工作,可以单独将它们放置于一个项目文件中。然后通过"链接模型"的方式将其载入到另一个被指定为"中心文件"的项目文件中去。

1.3.1 标高

使用 "标高"工具,可定义垂直高度或建筑内的楼层标高。要添加标高,必须处于剖面视图或立面视图中。添加标高时,可以创建一个关联的平面视图。

1. 添加标高

单击项目浏览器中的"南"立面视图上,然后单击功能区中"建筑"选项卡→"基准"面板→ "标高"按钮。

在绘图区域单击确定新建标高的起始点,拖动鼠标,当再次单击时可确定该标高的终点。连续按两次"ESC"键,可退出。

观察项目浏览器可以发现,此时在"楼层平面"中新增了一个名为"标高 3"的平面视图,与之前新建的标高相关联,见图 1-49。

图 1-49

2. 修改标高

（1）修改标高值

修改标高值的方法有很多种，这里仅介绍两种比较常用的方法。

第一种：单击选中标高，当鼠标移动至临时尺寸标注的数值位置时，单击该数值并重新输入新的值，见图 1-50。

图 1-50

第二种：单击选中标高，当鼠标移动至标高标头的数值位置时，单击该数值并重新输入新的值，见图 1-51。

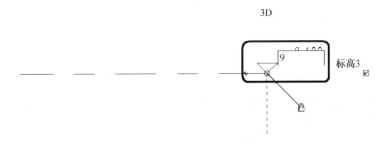

图 1-51

【提示】此时输入值的单位是米，而不是毫米。

（2）修改标高名称

第一种：单击选中标高，当鼠标移动至标高标头的标高名称位置时，单击该名称并重新输入新的值，见图 1-52。

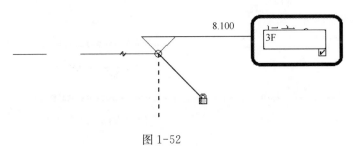

图 1-52

第二种：单击选中标高，在"属性"对话框的参数"立面"中重新输入标高值，见图 1-53。

第三种：在项目浏览器中右击"标高 3"楼层平面视图，单击"重

图 1-53

图 1-54

命名…"工具,见图 1-54。在激活的对话框中重新输入标高名称,见图 1-55。

图 1-55

（3）使标高线从其编号偏移

选择一条标高,在靠近编号的线段有一个"添加弯头"拖拽控制柄,见图 1-56。单击此符号,可使标高线从其编号偏移,见图 1-57。然后就可以通过端点拖拽控制柄调整标高线的偏移位置,见图 1-58。

（4）在二维或三维范围中调整标高

① 在三维范围中调整标高

单击一个标高时,在其周围将出现"3D"的文字提示,见图 1-59。这表明当在某一个视图中调整标高线的范围时,这个改动将应用到其他所有的视图中去。

例如,在南立面中调整标高线的范围,见图 1-60。那么在其他立面视图中也将发生相应的变化。

② 在二维范围中调整标高

选中标高后,单击文字"3D",使其变为"2D",此时将会使范围从三维切换至二维,见图 1-61。这表明当在某一个视图中调整标高线的范围时,这个改动将仅对该视图发生作用,而不会应用到其他所有的视图中去。

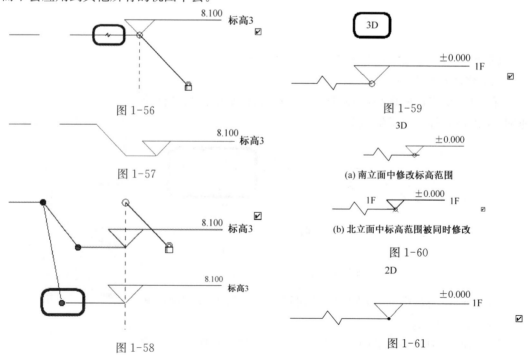

图 1-56

图 1-57

图 1-58

图 1-59

（a）南立面中修改标高范围

（b）北立面中标高范围被同时修改

图 1-60

图 1-61

3. 标高属性

除了以上介绍的一些标高实例属性参数,下面再介绍几种常用的标高类型属性参数。

单击选择某个标高,在"属性"面板中单击"编辑类型"按钮,见图1-62。

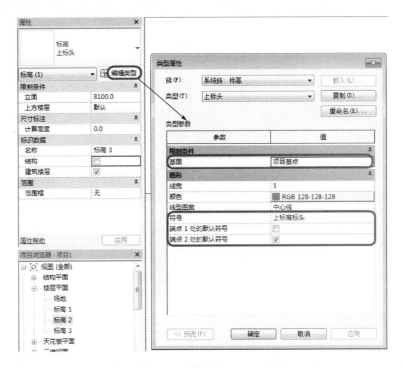

图 1-62

（1）基面

如果"基面"值设置为"项目基点",则在此标高上报告的高程基于项目原点。如果"基面"值设置为"测量点",则报告的高程基于固定测量点。一般来说,默认使用"项目基点"作为"基面"值。

（2）符号

可以选择不同的标高标头的类型,每一种标高标头都是一个可载入的族文件。

（3）端点 1 处的默认符号/端点 2 处的默认符号

勾选时在标高端点 1 或 2 处会出现在"符号"参数中选择的符号类型。

1.3.2 轴网

通过 ⊞"轴网"工具,可以在项目文件中放置柱轴网线。轴网可以是直线、圆弧或多段。

1. 添加轴网

（1）绘制轴线

单击项目浏览器中的单击"标高 1"楼层平面视图,然后单击功能区中"建筑"选项卡→"基准"面板→ ⊞"轴网"按钮。

在绘图区域中单击确定轴线的起始点位置,当轴线达到所要长度时再次单击鼠标确定终点位置。此时 Revit® 会对轴号进行自动编号,并默认从 1 开始编号,见图1-63。

（2）复制轴线

再次单击"轴网"按钮，在"修改|放置轴网"选项卡→"绘制"面板中单击 ✎"拾取线"按钮，并在选项栏中输入数值 8 400。将鼠标移动至之前绘制的轴线上，当蓝色虚线出现在右边时，单击确定第二根轴线的位置。同理，单击第二根轴线再次确定第三根轴线的位置，见图 1-64。

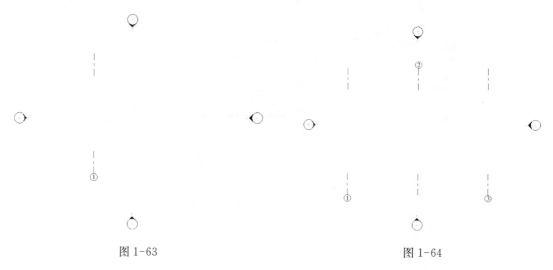

图 1-63   图 1-64

（3）修改轴线编号

使用同样的方法，先绘制一根横轴线，见图 1-65。然后双击轴线编号，可将其修改为字母 A，见图 1-66。之后再通过"拾取线"工具复制轴线时，将自动更新为从 B 开始编号。

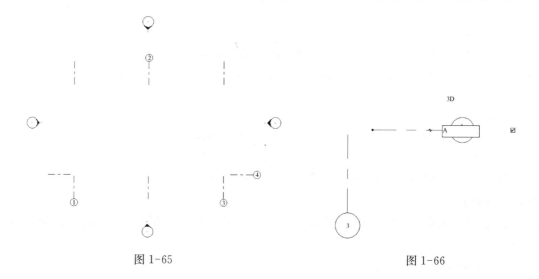

图 1-65   图 1-66

（4）轴线对齐

当绘制轴线时，可以让各轴线的头部和尾部相互对齐。如果轴线是对齐的，在选择其中一根轴线时将会出现一个锁以指明对齐。当需要移动整个方向的轴网时，只需要选择轴网中的任意一根轴线并拖拽端点处的"拖曳控制柄"，就可以使对齐的轴线都随之移动，见图 1-67。

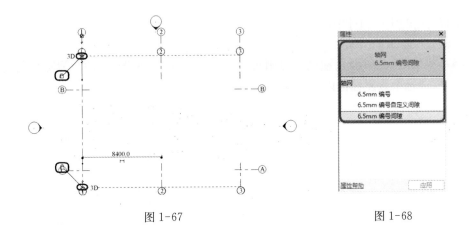

图 1-67　　　　　　　　　　　　　　　图 1-68

2. 修改轴网

（1）修改轴网类型

在放置轴线时或是在放置轴线后单击选择某根轴线时，都可以在"类型选择器"中直接切换至另一个已经存在于项目文件中的轴网类型，见图 1-68。

当然，也可以创建新的轴网类型。单击"属性"面板中的"编辑类型"按钮，然后再单击"复制"按钮，键入新的类型名称"6.5 mm 编号间隙－双侧轴号"后，单击"确定"。之后同时勾选"平面视图轴号端点 1"和"平面视图轴号端点 2"，再单击"确定"，一个新的轴线类型就生成了，见图 1-69。

（2）修改轴网值

除了之前在"1.1.1 轴网"下的"1. 添加轴网"中的"（3）修改轴线标号"中提到的修改方式外，当选择某根轴线后，还可以直接在"属性"面板中的"名称"参数中进行修改，见图1-70。

图 1-69

图 1-70

（3）将轴号从轴线处偏移

选择轴线，单击"添加弯头"拖曳控制柄，然后将控制柄拖曳到正确的位置，从而将编号从轴线中移开,见图 1-71 和图 1-72。

（4）显示和隐藏轴网编号

选择一根轴线,此时会在轴网编号附近显示一个复选框,见图 1-73。清除该复选框可以隐藏编号,或选中该复选框以显示编号。

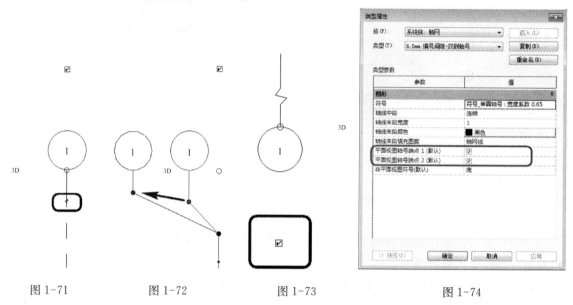

图 1-71   图 1-72   图 1-73   图 1-74

【提示】如果要隐藏同一类型的所有轴线的编号,可以选择其中一根轴线后,在其"类型属性"对话框中清除"平面视图轴号端点 1"或"平面视图轴号端点 2"的复选框,见图 1-74。

（5）在二维或三维范围中调整轴号

类似于标高,当单击一根轴线时,也将出现"3D"的文字提示。当单击"3D"后,文字也会调整为"2D"。其作用与标高一样,具体请参见本章"1.3.1 标高"的"2. 修改标高"的"（4）在二维或三维范围中调整标高"中的介绍。

3. 在楼层平面视图中显示轴网

轴线是有限平面。在立面视图中拖曳其范围,如果轴线与标高线相交,那么在这个标高线所对应的楼层平面视图中就会显示该轴线。

将视图切换到"标高 3"平面视图,如果发现轴网已经在此视图中显示,再切换视图到"南"立面视图,将轴线 1～3 拖拽到"标高 3"以下,见图 1-75。此时再去观察"标高 3"平面视图,可以发现轴线 1～3 已经消失了,见图 1-76。

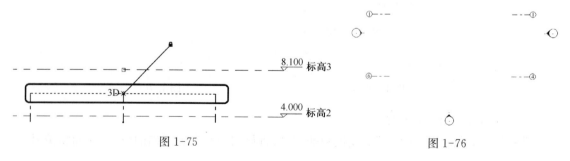

图 1-75   图 1-76

1.4　概念体量设计

概念设计环境是一种族编辑器,主要应用于建筑概念及方案设计阶段。通过在该环境中创建设计,可以方便建筑师进行建筑体量推敲以及加快设计流程的进度。

进入概念设计环境的方式有两种:一种是在 Revit® 项目中使用"内建体量"工具创建或操纵体量族;另一种则是通过调用相关族样板文件。本章节"1.4 建筑概念体量设计"将以 Autodesk® Revit® 2014 产品为例,主要介绍如何在 Revit® 项目中使用概念设计环境来创建体量模型。

1.4.1　概念体量设计前的场地调整

1. 调整场地的视图范围

打开 DVD 中"第一天\D1_场地_建筑红线＋地形平面＋标高轴网.rvt"。在"属性"对话框中单击"视图范围"的"编辑"按钮,在激活的"视图范围"对话框中选择主要范围中的"底"和视图深度中的"标高"值为"－2F",单击"确定"退出,见图 1-77。以此可使场地平面得到一个正确的显示,见图 1-78。

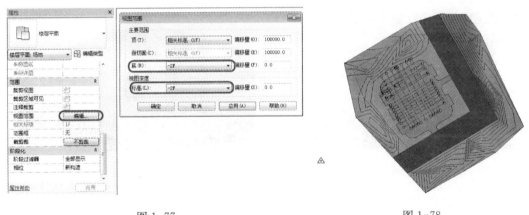

图 1-77　　　　　　　　　　　　　　　　　　图 1-78

2. 调整场地的项目方向

为了方便之后体量模型的创建,需要将场地的项目方向调整为"项目北"。具体调整方法,参见"1.2 场地设计"的"1.2.3 项目方向"章节中的详细介绍。

1.4.2　概念设计环境词汇

1. 体量族

在项目中使用"内建体量"工具创建的内建族(或应用"公制体量.rft"族样板文件创建的载入族),属于"体量"类别。

2. 形状

通过 "创建形状"工具创建的三维或二维表面/实体。

3. 轮廓

轮廓是可用来生成形状的单条线,一串连接起来的线或者闭合的环。可以单独或组合使用,以利用支持的几何图形构造技术(拉伸、融合、旋转、放样、放样融合)来构造"形状"图元几何图形。

1.4.3 创建体量实例

1. 进入概念设计环境

单击功能区中"体量和场地"选项卡→"概念体量"面板→ 🗔 "内建体量"按钮。在"名称"对话框中输入"综合楼",单击"确定"。

2. 创建主楼形状

（1）绘制轮廓

单击功能区中"创建"选项卡→"绘制"面板→"矩形"按钮,见图1-79。在绘图区域中单击轴线1和G的交点,拖拽至轴线7

图 1-79

和E的交点处再次单击,见图1-80。然后按两次"ESC"键退出绘制状态。

（2）创建形状

单击选择刚才绘制的矩形轮廓,然后单击功能区中"修改|线"选项卡→"形状"面板→ 🗔 "创建形状"按钮。切换到三维视图,一个立方体创建完成,见图1-81。

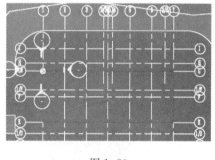

图 1-80

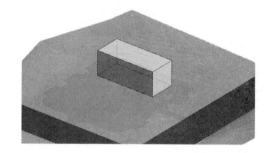

图 1-81

（3）修改形状

将鼠标移动至该形状的上表面处,此时该表面会高亮显示,单击选中后将出现一个"三维控件",见图1-82。单击蓝色箭头,按住鼠标进行垂直向上的拖拽,直至高度至43.2 m左右,见图1-83。单击任意绘图区域空白处,退出对该表面的控制。

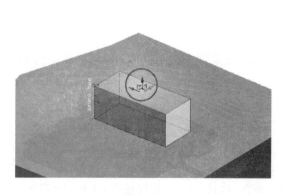

图 1-82

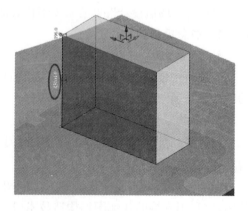

图 1-83

采用相同的方法,将该形状的下表面垂直向下拖拽 1 m 左右。

【提示】

➤ 如果没有选中所要的表面,可以通过"Tab"键切换选择。

➤ 因为是概念设计阶段,这里的高度值不要求非常精确。如果需要精确值,也可以通过修改临时尺寸来准确定义,见图 1-84。

3. 创建裙房形状

采用与"创建主楼形状"类似的方法,创建裙房形状。绘制形状时,可使用"绘制"面板中的直线工具,见图 1-85。该形状的轮廓图形,见图 1-86。创建形状后,先拖拽其上表面,修改高度为 11.7 m;再垂直向下拖拽其下表面 1 m,见图 1-87。

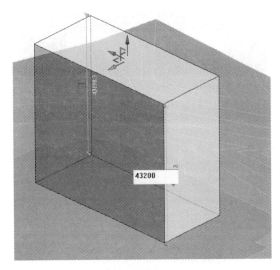

图 1-84

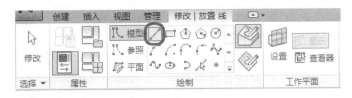

图 1-85

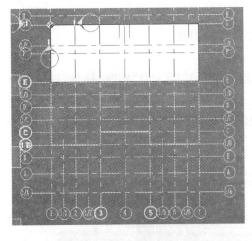

图 1-86

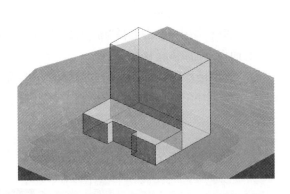

图 1-87

4. 创建地下室形状

采用与"创建主楼形状"类似的方法,创建地下室形状。该形状的轮廓图形,见图 1-88。形状高度为 8.55 m,见图 1-89。

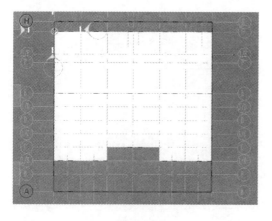

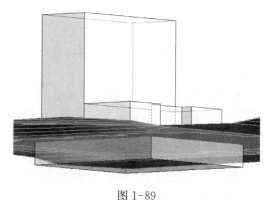

图 1-88   图 1-89

5. 连接形状

单击功能区中"修改"选项卡→"几何图形"面板→ 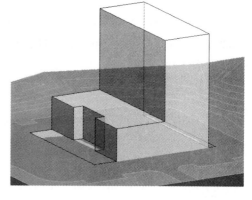 "连接"按钮。

然后先单击主楼形状,再单击裙房形状,使两者相连,见图 1-90。

单击"完成体量"按钮,退出内建体量族"综合楼"的创建。

1.4.4 体量楼层的应用——快速统计建筑面积

在 Revit® 中,可以使用"体量楼层"工具划分体量,这对计算建筑楼板面积、容积率等数据非常有帮助。体量楼层将在每一个标高处得到创建,它在三维视图中显示为一个在标高平面处穿过体量的切面。

图 1-90

1. 创建体量楼层

在三维视图中,单击选择"综合楼"体量实例,然后单击功能区中"修改 | 体量"选项卡→"模型"面板→ 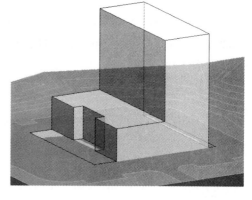"体量楼层"按钮。

在"体量楼层"对话框中,勾选除(结)、OF 和 RF 之外的所有楼层,见图 1-91。单击"确定"退出。此时在每个被勾选的标高上都出现了一个体量楼层,见图 1-92。

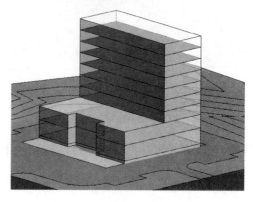

图 1-91   图 1-92

　　单击任意一个体量楼层,在其"属性"面板中将报告一些有关该楼层的几何图形信息。例如楼层周长、楼层面积、外表面积和楼层体积,见图 1-93。

　　2. 创建体量楼层明细表进行面积统计

　　在创建体量楼层后,可以通过创建这些体量楼层的明细表来辅助设计分析。体量的形状改变后,体量明细表会随之自动更新。

　　(1) 为新建明细表选择类别

　　单击功能区中"视图"选项卡→"创建"面板→"明细表"下拉菜单下的"明细表/数量"按钮,见图 1-94。

　　在激活的"新建明细表"对话框中单击选择"体量"类别下的"体量楼层",见图 1-95。然后单击"确定"。

　　(2) 添加字段

　　在激活的"明细表属性"对话框中,单击选择"可用的字段"中的"标高",然后单击"添加"按钮,见图 1-96。"标高"将被添加至"明细表字段"中。用同样的方法继续将"楼层面积"添加至"明细表字段"中,见图 1-97。

图 1-93

图 1-94　　　　　　　　　　　　　　图 1-95

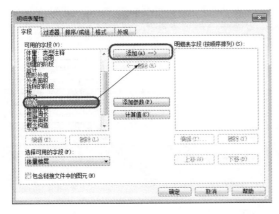

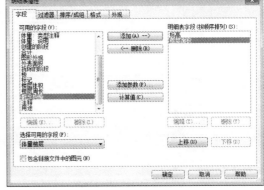

图 1-96　　　　　　　　　　　　　　图 1-97

图 1-98　　　　　　　　　　　　　　　图 1-99

（3）字段排序并显示总计

单击"排序/成组"选项卡，在"排序方式"下拉菜单中选择"标高"选项。勾选"总计"，并选择"标题和总数"选项，见图 1-98。

（4）格式调整

单击"格式"标签，然后在"字段"中单击"楼层平面"，此时将激活"计算总数"勾选项，勾选此项，见图 1-99。单击"确定"退出，将自从生成一个"体量楼层明细表"，见图 1-100。

（5）单独统计地下楼层面积

在该明细表的"属性"对话框中，单击"过滤器"的"编辑"按钮，见图 1-101。在被重新激活的"明细表属性"对话框中选择"过滤条件"为"标高"和"包含"，并输入"－"（减号），见图 1-102。单击"确定"退出，明细表被更新为只显示地下楼层的面积，见图 1-103。

<体量楼层明细表>	
A	B
标高	楼层面积
-1F	2661.12
-2F	2661.12
1F	1955.52
2F	1955.52
3F	967.68
4F	967.68
5F	967.68
6F	967.68
7F	967.68
8F	967.68
9F	967.68
总计	16007.04

图 1-100

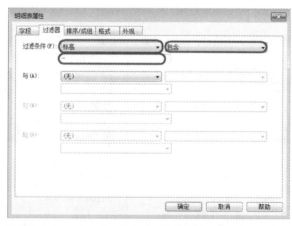

<体量楼层明细表>	
A	B
标高	楼层面积
-1F	2661.12
-2F	2661.12
总计	5322.24

图 1-101　　　　　　　　图 1-102　　　　　　　　图 1-103

1.4.5　概念能量分析

在 Revit® 2014 中的能量分析是借助 Autodesk® Green Building Studio 平台，通过对概

念体量模型或建筑图元模型在云中执行整体建筑能量模拟分析,交付给用户的一份建筑能量分析报告。

使用概念体量分析模型,可以轻松定义建筑类型、位置、楼层、大小、形状、方向、窗墙比、材质等信息,然后将模拟方案提交到 Autodesk® Green Building Studio 平台。您也可以显示多个模拟结果,进行多方案并列比较。帮助用户在方案初期就了解建筑的未来能量使用情况,推动设计方案逐步向可持续性设计转型。

1. 登录 Autodesk® 360

目前在 Revit® 中进行能量分析,需要先登录到 Autodesk® 360。这项服务不是免费的,而是仅对于 Subscription(速博)用户开放的收费服务。如果已经是速博用户,可以直接单击右上角"信息中心"中的"登录"下拉菜单中的"登录到 Autodesk 360"按钮,在"登录"对话框中输入"Autodesk ID"和"密码",见图1-104。

图 1-104

2. 选择分析模式

单击功能区中"分析"选项卡→"能量分析"面板→"使用概念体量模式"按钮,将能量分析模式调整为对"概念体量"进行分析,见图 1-105。

图 1-105

3. 能量设置

然后再单击功能区中"分析"选项卡→"能量分析"面板→"能量设置"按钮,进行一些简单的能量设置,见图1-106。

• 建筑类型:在 Revit® 2014 中共有 33 种建筑类型供用户选择,从独立住宅到宗教建筑、从汽车工厂到零售商店、从监狱到大学等。本项目使用默认选项"办公室"。

• 位置:将显示该项目所在的位置,具体设置参见本章"1.1 项目位置"中的具体介绍。也可以直接在这里为本项目重新指定一个地理位置。

• 目标玻璃百分比:是用于反映窗面积占体量分区面面积的百分比。可根据本地规范进行设置。

• 目标窗台高度:指定了玻璃底部边缘的高度。修改窗台高度可以提升或降低玻璃在体量面中的高度,如果该值与"目标玻璃百分比"冲突,系统将忽略窗台高度值。

图 1-106

4. 生成能量模型

单击"分析"选项卡→"能量分析"面板→"启

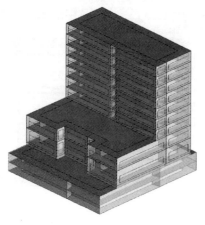

图 1-107

用能量模型"按钮。Revit® 会帮助用户自动分割建筑内部空间,满足能量分析需求,见图1-107。

5. 分析模型

在三维视图中,单击"分析"选项卡→"能量分析"面板→"运行能量仿真"按钮,见图 1-108。在"运行能量模拟分析"对话框中,为分析指定一个名称,并选择是否要创建新的或使用现有项目,然后单击"继续",见图 1-109。

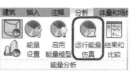

图 1-108

图 1-109

6. 查看分析报告

分析完成后,将显示一条提示。单击提示中的分析名称可以查看模拟结果,见图1-110。或者,单击"分析"选项卡→"能量分析"面板→"结果和比较"按钮,然后从项目中选择该分析,见图 1-111。所生成的分析报告,见图 1-112。

图 1-110

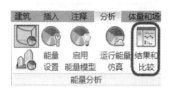

图 1-111

7. 修改分析报告的设置

单击"分析"选项卡→"能量分析"面板→"结果和比较"按钮,在"结果和比较"对话框中单击"设置"按钮,就可以按照报告要求,自行调整页眉和页脚的商标,同时勾选出需要

建筑性能系数

地点:	中国上海市
气象站:	545655
室外温度:	最大: 37℃/最小: -4℃
楼层面积:	18,959 m²
外墙面积:	7,878 m²
平均照明功率:	10.87 W/m²
人员:	670 人
外窗比例:	0.40
用电成本:	$0.09/kWh
燃料成本:	$0.78/兆卡

能源消耗强度

用电 EUI:	158 kWh/sm/yr
燃料 EUI:	114 MJ/sm/yr
总 EUI:	682 MJ/sm/yr

生命周期能耗/成本

生命周期用电量:	90,722,340 kWh
生命周期燃料消耗量:	65,340,722 MJ
生命周期能量成本:	$4,087,898

*30 年的生命周期和 6.1% 的成本折扣率

再生能源潜能

屋顶式安装 PV 系统(低效):	300,373 kWh/yr
屋顶式安装 PV 系统(中效):	600,747 kWh/yr
屋顶式安装 PV 系统(高效):	901,120 kWh/yr
单台 15' 风力发电机潜能:	1,231 kWh/yr

*低效、中效和高效系统的 PV 效率分别拟定为 5%、10% 和 15%。

年碳排放量

	(公吨/年)
耗电量	1,197
燃料消耗量	108
屋顶 PV 潜能(高效)	-356
单台 15' 风力发电机潜能	0
净二氧化碳	949

图 1-112

提供给客户的能量分析选项,见图 1-113。

图 1-113

1.4.6 从体量实例创建建筑图元

1. 从体量实例创建楼板

单击功能区中"体量和场地"选项卡→"面模型"面板→ "楼板"按钮,并在"类型选择器"中选择默认的楼板类型。在绘图区域内框选所有新建的体量楼层,然后单击功能区中"修改|放置面楼板"选项卡→"多重选择"面板→ "创建楼板"按钮,见图 1-114。按"Esc"键退出命令,楼板创建完成。

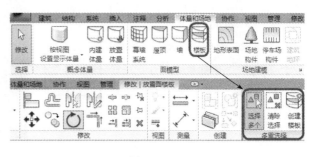

图 1-114

【提示】如果要重新选择体量楼层,单击"清除选择"命令取消选择,并可重新进行选择。当鼠标移动至某个体量楼层时,会出现"+"或者"-"号标记,"+"号表示增加选择,"-"号表示清除选择。

2. 从体量实例创建幕墙系统

单击功能区中"体量和场地"选项卡→"面模型"面板→ "幕墙系统"按钮,在"类型选择器"中选择默认的幕墙系统类型。在"综合楼"体量实例中选择要添加到幕墙系统中的面,单击功能区中"修改|放置面幕墙系统"→"多重选择"→ "创建系统"按钮,见图 1-115。按

"Esc"键退出命令,幕墙创建完成,见图1-116。

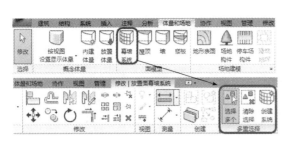

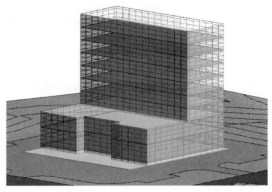

图1-115　　　　　　　　　　　　　　　　图1-116

3. 从体量实例创建屋顶

单击功能区中"体量和场地"选项卡→"面模型"面板→⬭"屋顶"按钮,并在"类型选择器"中选择默认的屋顶类型。在"综合楼"体量实例中分别单击选择裙房和高层屋顶,然后单击功能区中"修改｜放置面屋顶"选项卡→"多重选择"面板→⬭"创建屋顶"按钮,见图1-117。按"Esc"键退出命令,屋顶创建完成,见图1-118。

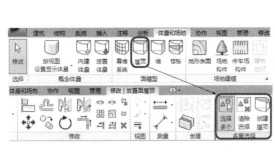

图1-117　　　　　　　　　　　　　　　　图1-118

4. 从体量实例创建墙体

单击功能区中"体量和场地"→"面模型"→⬭"墙"按钮,在选项栏上的"定位线"下拉菜单中选择"面层面:内部",在"类型选择器"中选择默认的墙体类型,见图1-119。然后在"综合楼"体量实例中单击选择地下室部分的多个面,单击右键并单击"取消",墙体即创建完成,见图1-120。

【提示】在选项栏中墙的"定位线"属性决定了墙体的哪一个平面作为绘制的墙体的基准线,在体量实例中,被选取的面在平面上的投影线与绘制墙体的基准线重合。选择不同的"定位线",墙体绘制的不同。效果见图1-121。

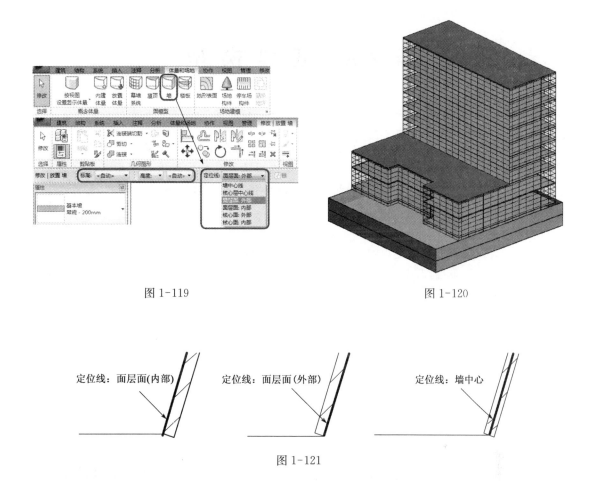

图 1-119　　　　　　　　　　　　　　　　　　图 1-120

图 1-121

1.5　拆分文件

考虑到在概念设计之后可能会其他的建筑师或建筑团队加入，为了方便不同的团队或个人完成各自的设计部分，同时也为了提高 Revit® 的运行速度，建议将以上创建的项目文件拆分为两个项目文件。

当前文件中的"综合楼"体量实例和体量楼层部分可以暂时通过"可见性/图形替换"对话框进行隐藏。

建筑中心文件. rvt：在当前文件中去除玻璃幕墙和屋顶部分，然后另存为"建筑中心文件. rvt"。参见 DVD 中"第一天\D1_拆分文件_建筑中心文件. rvt"。这个文件将作为以后大家共同工作的文件。

玻璃幕墙与屋顶. rvt：在当前文件中仅保留轴网、标高、玻璃幕墙和屋顶部分，然后另存为"玻璃幕墙与屋顶. rvt"。参见 DVD 中"第一天\D1_拆分文件_玻璃幕墙＋屋顶. rvt"。对于进行玻璃幕墙及屋顶部分创建的人员，可以在这个文件中进行绘制。等到完成后，再将该文件作为链接文件载入到"建筑中心文件. rvt"中去。

第2天　创建模型

一般来说,对于一个建筑的设计创作,特别是大型项目,都需要一个团队的协作配合。针对本项目,第二天的主要工作是以团队合作的方式进行模型深化创建工作。我们将确定有四个设计小组进行建筑协同。在之后的学习过程中,也将以这四个小组的绘制内容作为划分,来分别进行叙述。

A组:场地组

职责:负责场地的建模部分以及有关总平面设计图纸的施工图出图。

B组:平面/剖面组

职责:负责平面的建模部分以及有关平面和剖面设计图纸的施工图出图。

C组:立面组

职责:负责建筑外表皮和屋顶的建模部分以及有关立面设计图纸的施工图出图。

D组:大样组

职责:负责建筑细节的建模部分和各种明细表的创建以及相关设计图纸的施工图出图。

2.1　工作共享

在深化工作的一开始,建立流畅的协作流程对于 Revit® 在整个项目中的应用起到了关键的作用。在 Revit® 中的工作共享主要有两种方式:链接模型与工作集。在第一天的场地与体量模型创建的尾声,我们已经将模型拆分成"D1_拆分文件_建筑中心文件.rvt"与"D1_拆分文件_玻璃幕墙+屋顶.rvt",通过 Revit® 链接的方式进行协同,这样可以保证 C 组人员有更大的灵活度和自由度来创建外立面与屋顶,同时其他各组人员的工作可以并行进行,彼此不受到牵制和干扰。另外,采用链接模型最大的优势可以减少 Revit® 自身的文件大小,从而提高项目运行速度。

另外一种常用的协同方式是工作集,让每位成员运用协同工具,同时对中心模型的本地副本进行修改,最终在同一的中心文件上进行整合。在接下来的一节中,将对于工作共享的基本概念、工作流程和在项目中的实际应用作详细的介绍。

2.1.1　概念介绍

在开始工作集工作流程的具体介绍之前,先介绍一些工作共享术语与典型流程:

1. 中心模型

中心模型是工作共享项目的主项目文件。中心模型将存储项目中所有图元的当前所有权信息,并充当发布到该文件的所有修改内容的分发点。所有团队成员将保存各自的中心模型本地副本,在本地进行工作,然后使用"与中心文件同步"命令将他们对模型所做的编辑与中心模型进行同步。

2. 工作集

工作集通常是一个独立的功能区域,例如:场地、核心筒、内部区域等。Revit®提供了四种工作集类型:

(1) 用户创建:模型图元,例如:墙、门窗、楼板、楼梯等可以添加在用户创建的工作集中。

(2) 项目标准:用户可以定义材质、楼梯类型、填充样式等项目标准自动作为可编辑的工作集,对于项目 BIM 经理来说,对于项目标准进行权限管理是建立模型创建标准的有效手段。

(3) 族:项目中的所有族,例如:门、专用设备、幕墙、标记等自动作为可以编辑的工作集。

(4) 视图:项目中的所有视图,例如:平面视图、立面视图等自动作为可以编辑的工作集。

3. 活动工作集

活动工作集是一个当前被激活的工作集,在项目中创建的新模型图元将被添加到此工作集。特别需要提醒的是,当指定"用户创建"的工作集为活动工作集时,所有新建的视图图元,例如:标注、注释等都将自动添加到相应的视图而非活动工作集中。

4. 图元借用

当需要编辑不属于自己的图元时,假如没有人拥有该图元的权限,Revit®将自动授予借用权限,但是如果此图元属于另外一名成员的权限,那么必须请求或者等待其放弃该图元,才能进行编辑。

5. 团队共享工作流程

创建中心模型→创建中心模型的本地副本→打开中心模型的本地副本,通过工作集相关流程编辑本地副本→将修改发布到中心模型,或者从中心模型获取最新的修改。

2.1.2　创建中心模型

(1) 单击 Revit®下拉菜单→"选项"→"常规"选项中,指定用户名,在工作共享练习中,用户名设置为"D组",见图 2-1。

图 2-1

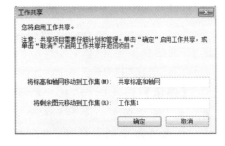

图 2-2

(2) 打开要用作中心模型的 Revit®本地项目文件(.rvt)。

(3) 单击功能区"协作"→"工作集"面板→ "工作集"按钮,显示"工作共享"对话框,其中显示默认的用户创建的工作集,见图 2-2。如果需要,可以修改工作集的名称。点击"确定",系统将自动将文件中已经创建的轴网和标高添加到新建的"共享标高和轴网"工作集,其余图元将被添加到"工作集1"中。如果选择"取消"将不启动工作共享流程。

（4）下拉菜单→"另存为"→"项目"。在"另存为"对话框中,单击"选项"。在"文件保存选项"对话框中,勾选"保存后将此作为中心模型",为本地副本选择默认工作集,一般选

图 2-3

择"可编辑",单击"确定",见图 2-3。在"另存为"对话框中,选择"保存"。现在该文件就是项目的中心模型了。

【提示】如果要放弃现有的中心模型,而将中心模型的本地副本用以新的中心模型。可以按照如下步骤,但是要非常小心这样的操作,因为其他副本的修改可能会因此丢失,因此在进行类似操作时,必须确保其他人的修改不会丢失。

（1）打开现有的工作共享文件的本地副本

（2）单击下拉菜单→"另存为"→"项目"。在"另存为"对话框中,重命名文件,然后单击"选项"。

（3）在"文件保存选项"对话框中,选择"保存后将此作为中心模型",为本地副本选择默认工具集。

（4）单击"确定"。

2.1.3 创建本地副本

（1）单击→"打开"。在"打开"对话框中,导航到中心模型所在的文件夹并选择该文件夹,并且定位到中心模型,选择中心模型。

（2）在"工作共享"下,确认已选中"新建新本地文件",见图 2-4。

（3）单击"打开"。

【提示】如果选择"从中心分离",则"新建新本地文件"将被清除。如果清除这两个选项,将打开中心模型本身,而不是其副本。需

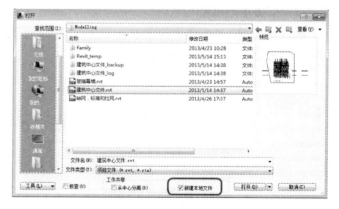

图 2-4

特别注意:不能直接在中心模型所在目录下,双击打开中心模型,这样的操作很容易造成其他本地副本与中心文件的断开。

2.1.4　工作集流程

1. 工作集新建流程

单击功能区"协作"→"工作集"面板→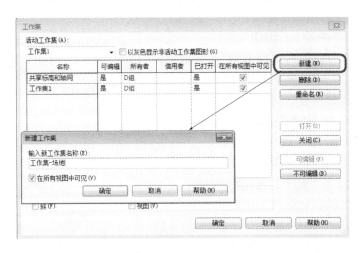"工作集"按钮,显示"工作集"对话框,单击"工作集"对话框中"新建"按钮,输入新的工作集名称,单击"确定",新的工作集创建完成,见图 2-5。

图 2-5

现在请读者按照 A 组、B 组、C 组和 D 组分别新建各自的工作集。注意:Revit® 选项中的用户名必须调整为对应的组名:A 组、B 组、C 组或者 D 组。

工作集—场地:A 组

工作集—2_9F 平面:B 组

工作集—地下及 1F 平面:B 组

工作集—核心筒:D 组

共享标高和轴网:B 组

【提示】工作集的划分主要是为了不同人员之间的协作,在考虑新建哪些工作集的时候,先要考量的是整个项目参与的人员及其角色,尽量避免不同人员对于同一图元同时进行编辑的状况。例如:一旦把楼梯和电梯添加至核心筒工作集,地下 2F 至 9F 的平面工作集将不再包含楼梯和电梯等模型图元,所有核心筒工作集内的模型图元都将由 D 组进行绘制。

Revit® 工作集与 CAD 中图层的概念有很大不同,不需要按照"梁、柱、墙体、门窗"等构件进行工作集的拆分,因为对象样式已经提供了非常强大的按类型区分的图元拆分功能。

2. 将已创建的元素归入工作集

(1) 在 2F 平面视图的绘图区域内选择已经创建的楼板,在"实例属性对话框中"将"工作集"修改为"工作集—2_9F平面",见图 2-6。

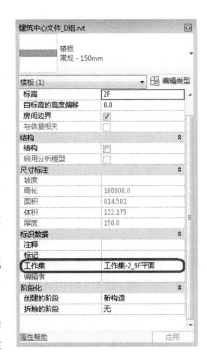

图 2-6

（2）按照类似的步骤，将其余已经创建的构件，分别归入不同的工作集中。

3. 工作集编辑流程

（1）修改工作集的可编辑状态

打开 DVD 中"第一天\D1_拆分文件_建筑中心文件＋启用工作集. rvt"，单击功能区"协作"→📷"工作集"按钮，打开"工作共享"对话框，可以看到在办公楼项目中，已经新建了 4 个工作集，当单击"工作集—核心筒"的"可编辑"状态，由"否"改为"是"的时候，所有者将自动设置为当前用户"D组"，这里显示的"D组"和之前用户名的设置相关，见图 2-7。对于其他用户的工作集，如"共享标高和轴网"，不能修改其可编辑状态。单击"确定"，工作集所有权信息将传送至中心文件和其他所有中心文件的副本。

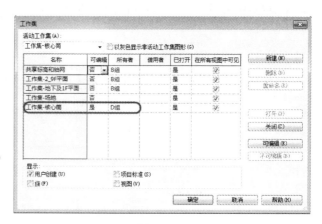

图 2-7

（2）指定活动工作集

在"工作集"选项卡中，"活动工作集"的下拉菜单中可以选择活动工作集，见图 2-8。

图 2-8

（3）将图元重新指定给其他工作集

打开"D1_拆分文件_建筑中心文件. rvt"中"2F -方案标注"平面视图，在绘图区域中选择任意一段墙体，在"属性"选项板上，找到"标识数据"下的"工作集"参数。在参数的"值"列中单击，可以选择一个新的工作集。见图 2-9。

4. 图元借用流程

（1）打开"D1_拆分文件_建筑中心文件. rvt"中"－1F -标注"平面视图，确认活动工作集为"D组"，在绘图区域内选择任意一段外墙，出现📷图标，单击图标，编辑此图元。由于此外墙图元属于"工作集－地下及1F 平面"，出现错误提示框，单击"放置请求"，提出图元借用的要求，见图 2-10。

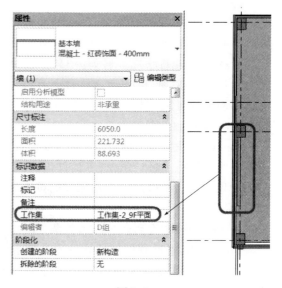

图 2-9

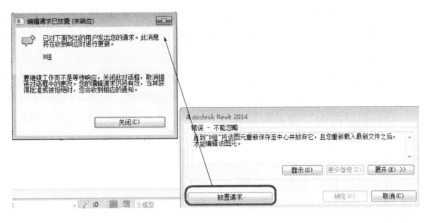

图 2-10

（2）单击功能区"协作"→"同步"选项卡→ "正在编辑请求"按钮，打开"编辑请求"对话框，可以追踪请求的状态，见图 2-11。

（3）B 组人员将收到编辑图元的请求，将出现图 1-8 的对话框，在确认请求的合理性之后，单击"批准"，见图 2-12。

图 2-11

图 2-12

（4）D 组人员发现"编辑请求"对话框中未决的请求已经为空，同时"工作集"对话框中，"工作集-地下及 1F 平面"中"D 组"成为了借用者，见图 2-13，绘图区域中的墙体已经为可编辑状态，可以被移动、删除和修改。

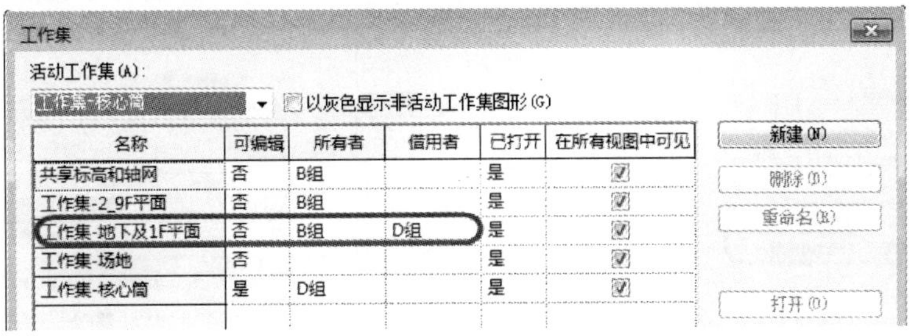

图 2-13

（5）当编辑完成后，图元的"借用者"为空，图元的所有权被归还，整个图元借用流程完成。

2.2 深化场地——A 组

在上一小节中已经明确地规定了工作集，并且将当前模型的图元划分到不同的工作集中。对于 A 组的成员来说，在打开中心文件并复制到本地之后的第一件事就是将自己设定为"工作集－场地"的所有者。而之后深化场地模型时，都必须确保在这个工作集中创建相关图元。

本小节将在"场地"视图的方向为"正北"的情况下进行介绍。而有时方向为"项目北"时，更有利于创建模型。读者可以视情况，自行决定。

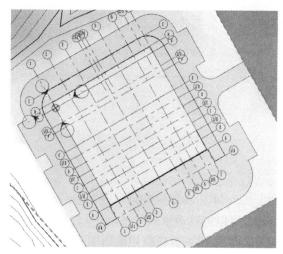

2.2.1 建筑地坪

如何在场地中开挖以放置建筑模型，特别是带地下室的建筑，Revit® 提供给了"建筑地坪"工具，可以为一个地形表面添加建筑地坪，并且可以修改地坪的结构和深度等属性。

1. 添加建筑地坪

打开场地平面视图，单击功能区中"体量和场地"选项卡→"场地建模"面板→ 📋 "建筑

图 2-14

地坪"按钮。然后绘制一个地坪图形，见图 2-14。最后单击 ✔ "完成编辑模式"按钮退出。

2. 修改建筑地坪

（1）修改偏移高度

通过"Tab"键，单击选中"建筑地坪"。在"属性"对话框中，确定"标高"为"标高 1"，"自标高的高度偏移"为"－12 000"，见图 2-15。

（2）修改结构

单击建筑地坪"属性"面板上的"编辑类型"按钮，在"类型属性"对话框中单击"结构"的"编辑"按钮，见图 2-16。并将结构层厚度修改为"500"，见图 2-17。单击"确定"，再次单击"确定"退出。

图 2-15

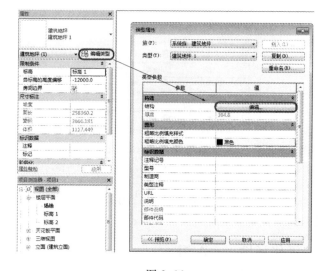

图 2-16

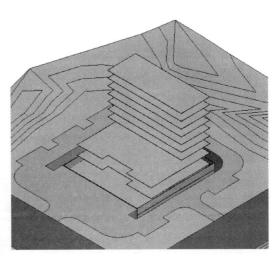

图 2-17　　　　　　　　　　　　　　　　图 2-18

将视图切换到三维视图观察效果，见图 2-18。

2.2.2　停车场及场地构件

1. 停车场构件

（1）添加停车位构件

将停车位添加到地形表面中，同时可以将地形表面定义为停车场构件的主体。

在"场地"视图中，单击功能区中"体量和场地"选项卡→"场地建模"面板→"停车场构件"按钮，并且在选项栏中勾选"放置后旋转"。使用默认的"停车场构件"类型，在绘图区域单击放置点，然后在选项栏的"角度"参数中输入"－60"，见图 2-19。连续按两次"Esc"键退出，一个停车位被添加到了地形表面中，见图 2-20。

图 2-19

【提示】如果需要载入新的停车场族文件，在单击"停车场构件"按钮后，再单击单击功能区中"修改|停车场构件"选项卡→"模式"面板→"载入族"按钮，见图 2-21，就可以在 Revit® 族库中寻找并载入新的停车场族文件。载入后，在

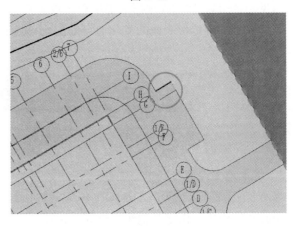

图 2-20

类型选择器中选择相对应的类型,就可为地形平面添加新的停车场构件。

图 2-21

（2）复制停车位构件

选中刚才绘制的停车位实例,单击功能区中"修改|停车场"选项卡→"修改"面板→"复制"按钮,在选项栏中勾选"多个"选项进行复制,见图 2-22。

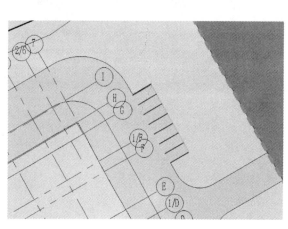

图 2-22

图 2-23

2. 场地构件

在场地平面中还可以放置场地专用构件,如树、电线杆和消防栓等。单击功能区中"体量和场地"选项卡→"场地建模"面板→🔔"场地构件"按钮。

在属性对话框中可以指定所选植物类型的"标高"、"偏移量"以及是否"与邻近图元一起移动",见图 2-23。然后在地形表面中单击放置点。当植物构件族被放置在地形表面时,它的标高位置会随着地形表面的变化而自动变化,见图 2-24。

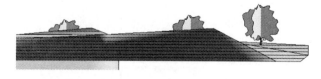

图 2-24

2.2.3 将本地文件同步到中心文件

当 A 组完成了第二天的场地深化任务,就可以保存文件,Revit® 会自动把本地文件同步到中心文件中去。由于其他小组也同时工作在一个中心文件中,当本地文件与中心文件不同步时,Revit® 会提示是否"与中心文件同步",见图 2-25。单击此选项,就可以在与中心文件同步后保存文件。而当关闭本地文件时,Revit®会提示保留或放弃图元和工作集的所有权,见图 2-26。一般情况下,请务必选择"保留对所有图元和工作集的所有权"。因为一旦放弃权限,其他任何人将可以在未被允许的情况下修改你所创建的模型,这将对文件的安全造成一定的风险。

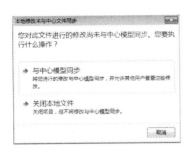

图 2-25

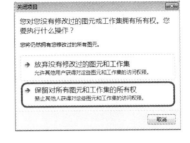

图 2-26

2.3　深化平面——B 组

在第二天的练习中,B 组人员作为平面的绘制人员,将负责模型平面的深化,重点是墙体、楼板、天花板、坡道和门窗的绘制与添加,用以准备施工图阶段详图与大样图的绘制。

2.3.1　柱

Revit®分别提供两个功能"结构柱"和"建筑柱"用于创建柱。结构柱适用于钢筋混凝土柱等与墙材质不同的柱子类型,是承载梁和板等构件的承重构件。建筑柱适用于墙跺等柱子类型,主要用于装饰。

平面、立面和三维视图上都可以创建结构柱,但建筑柱只能在平面和三维视图上绘制。Revit®中建筑柱和结构柱最大的区别就在于,建筑柱可以自动继承其连接到的墙体等其他构件的材质,而结构柱的截面和墙的截面是各自独立的,见图 2-27。

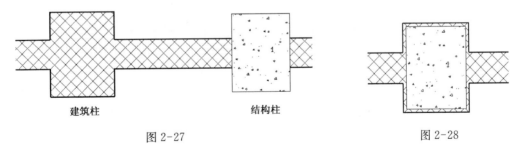

建筑柱　　　　结构柱	
图 2-27	图 2-28

同时,由于墙的复合层包络建筑柱,所以可以使用建筑柱围绕结构柱来创建结构柱的外装饰涂层,见图 2-28。

本小节中 B 组人员要完成所有柱的绘制。在此将介绍最常用的在平面上绘制柱的方式。具体尺寸信息请参见 DVD 中的"第二天\D2_B 组_柱网.rvt"。

1."在轴网处"创建结构柱

"在轴网处"的绘制方式多用于在确定标高和轴网后自动布置柱网的情况。

① 打开项目模型,进入－2F 楼层平面视图,单击功能区中"插入"→"从库中导入"→

"载入族"。打开"载入族"对话框,选择中国族库"结构"中提供的"混凝土-矩形-柱.rfa",见图 2-29,将其加载到项目中。

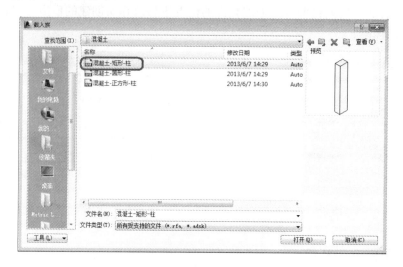

图 2-29

② 单击功能区中"建筑"→"构建"→"柱"下拉列表→（结构柱),默认样式为刚载入的"混凝土-矩形-柱",打开其"属性"对话框中的"编辑类型",单击"复制",新建一个族类型为"800×1 000 mm",见图 2-30,并调整其"尺寸标注"中"$b=800$，$h=1 000$"。

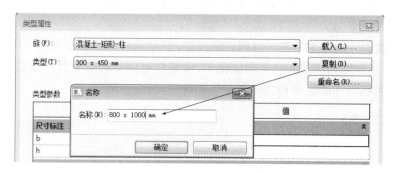

图 2-30

③ 在选项栏中指定柱的放置方式,绘制方式为"高度",顶部标高为"−1F",见图 2-31,底部标高即为绘制时所在视图。

图 2-31

【提示】选项栏参数释义:

➢ 放置后旋转:在放置柱后立即将其旋转。

➢ 标高(仅限三维视图):为柱的底部选择标高。在平面视图中,该视图的标高即为柱的底部标高。

➢ 深度:从柱的底部向下绘制。

➢ 高度:从柱的底部向上绘制。

➢ 标高/未连接:选择柱的顶部标高或者选择"未连接",然后指定柱的高度。

➢ 房间边界:指定该柱是否作为房间边界。

④ 单击功能区中"修改|放置结构柱"→"多个"→"在轴网处"。然后右键框选所有需要放置结构柱的轴网,见图2-32。

【提示】在框选的同时按住Ctrl键可以进行多次框选,按住Shift可以去掉之前的选择。

⑤ 添加后,单击"✔完成"。

2. 创建建筑柱

① 单击功能区中"建筑"→"构建"→

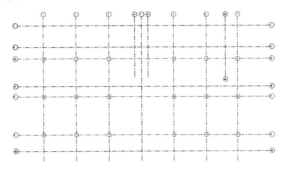

图2-32

"柱"下拉列表→▯(柱:建筑),选择默认建筑柱"M_矩形柱",通过其属性对话框中类型下拉列表选择类型"610×610 mm",见图2-33。

② 在选项栏中指定柱的放置方式,绘制方式为"高度",顶部标高为"2F"。

③ 在绘图区域中单击以放置建筑柱,将柱放置在轴网交点时轴网线将亮显,见图2-34。

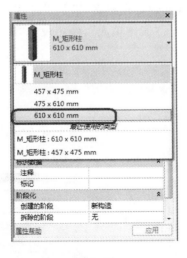

图2-33

图2-34

3. 在建筑柱上放置结构柱

使用"在柱处"功能将结构柱放置在已放置的建筑柱上。

① 首先载入一个结构柱族"矩形钢管柱",具体方法不再赘述。

② 打开1F视图,使用"结构柱"功能,单击功能区中"修改|放置结构柱"→"多个"→

"⚏在柱处"。

③ 选择柱"矩形钢管柱"并新建一个族类型"510×360×6.25"。

④ 单击绘图区中的一个建筑柱,通过按住 Ctrl 键不断添加多个建筑柱,结构柱会自动捕捉到建筑柱的中心并放置结构柱,见图 2-35,最后单击"完成"结束放置。

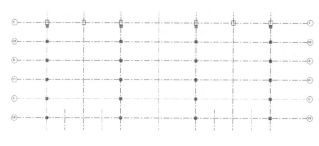

图 2-35

4．柱的修改

（1）柱的定位

不论是建筑柱还是结构柱,其高度都是由参数"底部标高"和"顶部标高"以及其"偏移"值定义的。打开柱的"属性"对话框可以修改相关参数以达到改变柱位置的目的。其"属性"对话框如图 2-36 所示。

【提示】参数释义

➢ 随轴网移动:选中该参数,柱将随相关轴网一起移动。

➢ 房间边界:绘制房间时,该柱作为房间的边界。

（2）柱的显示

可以通过更改柱的结构材质改变柱表面或截面的填充图案,满足设计或出图的显示要求。办公楼项目中将混凝土的截面填充图案改为了"实体填充",颜色设为"RGB 140-140-140",见图 2-37。

图 2-36

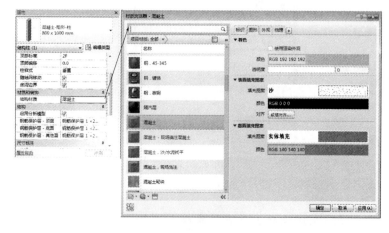

图 2-37

之前绘制的结构柱,修改材质后显示见图 2-38。

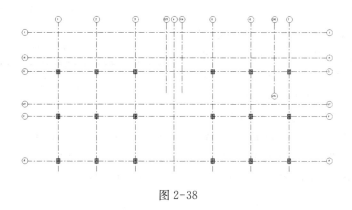

图 2-38

2.3.2 墙

Revit® 中的墙是预定义的系统族。墙体设计非常重要,它不仅是建筑空间的分隔主体,也是门窗等构件的承载主体。

1. 功能详述

(1)墙的结构

Revit® 中墙包含多个垂直层或区域。墙的类型参数"结构"中定义了墙的每个层的位置、功能、厚度和材质,见图2-39。

Revit® 预设了六种层的功能:面层 1[4]、保温层/空气[3]、涂膜层、结构[1]、面层 2[5]、衬底[2]。注意:"[]"内的数字代表优先级,可见"结构"层具有最高优先级,"面层 2"具有最低优先级。Revit® 会首先连接优先级高的层,然后连接优先级低的层。

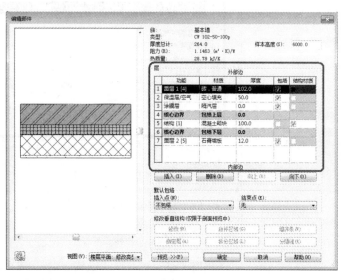

图 2-39

通常情况下,各层被指定以下功能:

- 结构[1]:支撑其余墙、楼板或屋顶的层。
- 衬底[2]:作为其他材质基础的材质(例如胶合板或石膏板)。
- 保温层/空气层结构[3]:隔绝并防止空气渗透。
- 涂膜层:通常用于防止水蒸气渗透的薄膜。涂膜层的厚度应该为零。
- 面层 1[4]:通常是外层。
- 面层 2[5]:通常是内层。

【提示】单击"预览"可以打开图中左侧预览视图。

(2)墙的定位线

墙的"定位线"用于在绘图区域中指定的路径来定位墙,也就是墙体的哪一个平面作为绘制墙体的基准线。

墙的定位方式共有六种:墙中心线(默认)、核心层中心线、面层面:外部、面层面:内部、核心面:外部、核心面:内部。墙的核心是指其主结构层。在非复合的砖墙中,"墙中心线"和"核心层中心线"会重合。

以中国族库中自带的样板"DefaultCHSCHS.rte"的基本墙"CW 102-85-100p"为例,墙的定位线见图2-40。图2-41是该墙的结构属性。

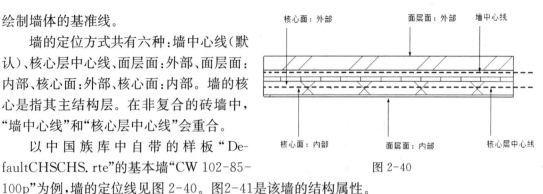

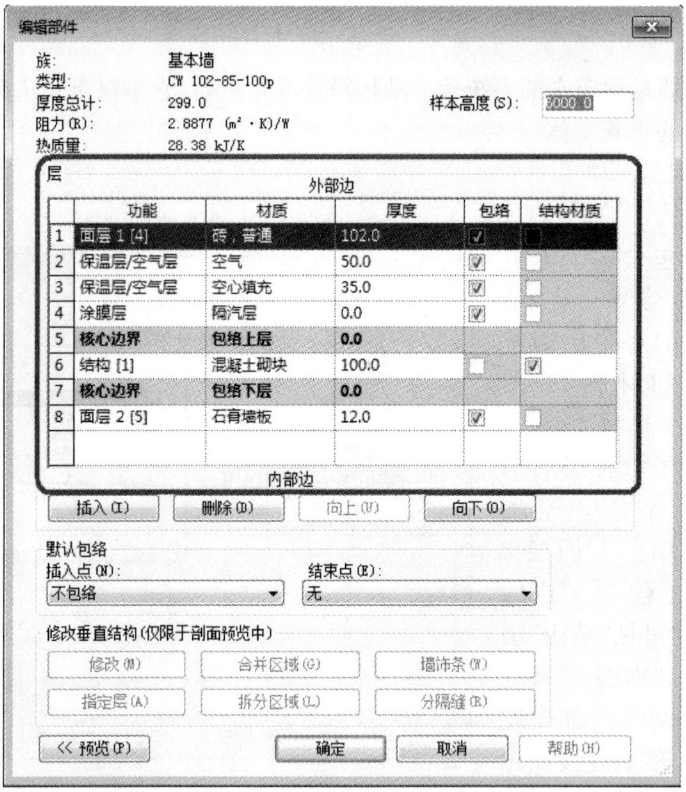

图 2-40

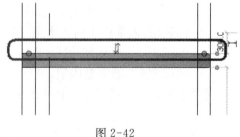

图 2-41

【提示】放置墙后,其定位线便永久存在,修改现有墙的"定位线"属性的值不会改变墙的位置。在项目中选中一段放置好的墙,蓝色圆点("拖曳墙端点")指示的就是该墙定位线。见图2-42。

2. 剪力墙的绘制

以下介绍核心筒处剪力墙的绘制,具体墙的定位信息请参见DVD中的"第二天\D2_B组_标准层墙.rvt"。

图 2-42

① 打开－2F楼层平面视图，单击功能区中"建筑"→"构建"→"墙"下拉列表→🖿（墙:建筑），在其"属性"选项板上单击"编辑类型"，在"类型属性"对话框中，通过"复制"，新建一个墙类型"混凝土－300 mm"，然后单击"结构"参数组中的"编辑"打开"编辑部件"对话框，将其结构层的厚度改为300，见图2-43。然后，单击"结构[1]"

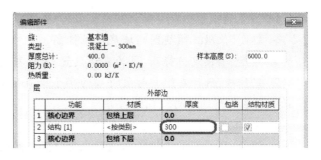

图 2-43

的"材质"选项卡，单击"＜按类别＞"打开"材质浏览器"对话框，选择"混凝土-现场浇筑混凝土"作为该墙的结构材质，单击两次"确定"后结束墙材质和厚度的设置。见图2-44。

② 重新回到墙的"类型属性"对话框，设置"粗略比例填充样式"为"实体填充"，"粗略比例填充颜色"为"RGB 140-140-140"，见图2-45。

图 2-44

图 2-45

【提示】该设置为满足出图需要，在绘制模型视图时"粗略"显示，墙的填充样式为"实体填充"，在绘制详图时应用"精细"显示，墙的填充样式为之前设置过的结构层"混凝土-现场浇筑混凝土"的截面填充图案"混凝土"。

③ 在选项栏里指定绘制方式为"高度"，顶部标高为"9F"，定位线为"墙中心线"，见图2-46。

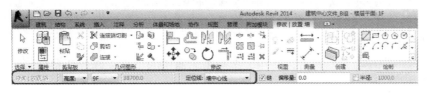

图 2-46

【提示】选项栏参数释义

➤ 标高(仅限三维视图)：墙底定位标高。

➤ 高度：墙顶定位标高，或为默认设置"未连接"输入值。

➤ 定位线：选择在绘制时要将墙的哪个垂直平面与光标对齐，或要将哪个垂直平面与将在绘图区域中选定的线或面对齐。

➤ 链：用以绘制一系列在端点处连续的墙。

➤ 偏移：用以指定墙的定位线与光标位置之间的偏移。

④ 在功能区"修改|放置墙"的"绘制"面板中，选择一个"╱线"绘制工具，在绘图区域单击左键定义墙的起点，墙会自动按照鼠标移动的方向绘制，再次单击鼠标左键定义墙的终点，见图 2-47。按两次 Esc 结束墙的绘制。

⑤ 重新选中该墙，在其"属性"对话框中选中参数"结构"将"建筑墙"变为"结构墙"，单击"应用"实现该设置，见图 2-48。

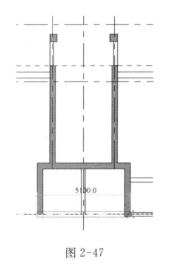

图 2-47

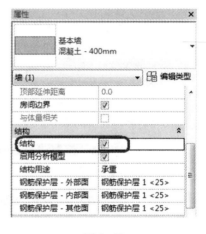

图 2-48

【提示】绘制墙后如果发现墙的内外部不正确，可以选中该墙后使用空格键或翻转控制柄"⇕(翻转控制)"方便的切换墙的内部/外部。

3. 填充墙的绘制

以下简要介绍地下室填充墙的绘制，基本步骤与剪力墙类似，只是墙的显示和墙的功能设置于剪力墙不同。

➤ 打开 4F 视图，新建一个墙类型"常规－200 mm－实心"，结构厚度设为"200 mm"，材质设为"砌体-砖"，注意，填充墙不设置粗略比例填充样式。

➤ 选择一个墙的绘制工具后在绘图区域绘制填充墙。

标准层的墙体绘制完成后的效果，见图 2-49。

4. 墙的修改

在绘图区域中绘制墙后，可以使用大多数图元通用的工具来修改其布局。

(1) 编辑轮廓

默认情况下，所有放置的墙的立面轮廓都为矩形。如果需要其他的轮廓形状，可以在立

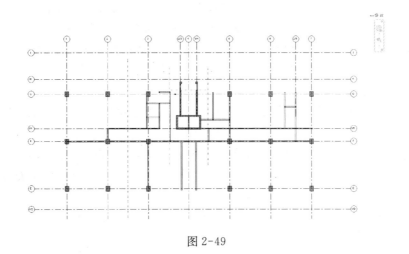

图 2-49

面视图中修改墙的轮廓。注意,弧形墙的立面轮廓是不能修改的。

① 在绘图区域选择需要编辑轮廓的墙,然后单击"修改 ｜ 墙"→"模式"→" 编辑轮廓"。

② 如果活动视图为平面视图,则需要选择合适的立面或剖面视图,并打开相应的视图,这是墙的轮廓便以红色模型线显示,见图 2-50。

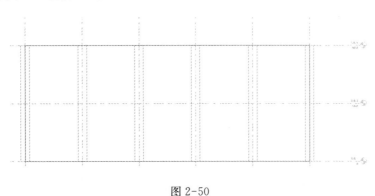

图 2-50

③ 使用"绘制"面板上的工具,删除现有的轮廓线并根据需要绘制新的轮廓。完成后,单击" "结束编辑。

【提示】如果要将已编辑的墙恢复到其原始形状,选择该墙,然后单击"修改 ｜ 墙"→"模式"→ "重设轮廓"。

（2）附着/分离

放置后的墙可以将其顶部或底部附着到楼板、屋顶、天花板、参考平面或位于正上或正下的其他墙,并与附着图元的边界保持一致。

① 在绘图区域中,选择要附着到其他图元的一面或多面墙。单击"修改|墙"→"修改墙"→" 附着顶部/底部"。

② 在选项栏上,选择"顶部"或"底部",然后单击被附着的图元,选择的墙将自动附着到该图元上。用" 分离顶部/底部"可以分离墙与相关图元的连接。

【提示】这两个功能可以应用在地下室入口坡道两侧不规则墙体的绘制。"附着/分离"使用方便,并保证与附着主体的边界完全一致,但是如果附着主体发生了变化,"附着"也会随即取消,需要重新附着。编辑"轮廓线"的方式需要用户自己绘制,但是它不随任何相关图元的变化而变化,相对比较稳定。

2.3.3 楼板和天花板

楼板:可通过"拾取墙","拾取线"或使用"线"工具来创建楼板。用"拾取墙"的方式创建的楼板,在楼板和墙体之间是保持关联的,当墙体位置改变后,楼板也会自动更新。

天花板:绘制天花板使用"构建"下的"天花板"功能,天花板的绘制和编辑都和楼板类似,可以由墙定义,也可以选择任意一个绘制工具绘制,以下不再单独介绍天花板的绘制,请B组人员绘制天花板时参考楼板的绘制方法。

【提示】楼板的绘制视图是"楼层平面"(从上往下看),而天花板的绘制视图是"天花板平面"(从下往上看)。

1. 楼板的绘制

① 打开2F平面视图,单击功能区中"建筑"→"构建"→"楼板"下拉列表→ "楼板:建筑"。选择楼板类型"常规－150 mm",默认情况下,Revit®默认采用"拾取墙"的方式绘制楼板轮廓线,在图2-51中所示区域可以采用拾取墙的方式,即在绘图区域选择要用作楼板边界的墙,在没有外墙围合的区域可以选择一个"线"工具绘制轮廓线,

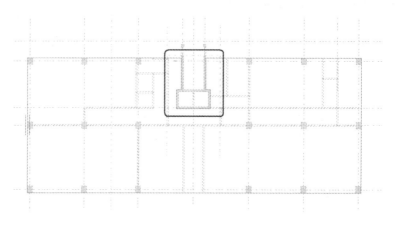

图 2-51

【提示】选项栏参数释义

➢ 延伸到墙中(至核心层):用于定义轮廓线到墙核心层之间的偏移距离。如偏移值为零,则楼板轮廓线会自动捕捉到墙的核心层内部进行绘制。如不选择该参数,则楼板轮廓线会自动捕捉墙的内边线。

② 打开其"类型属性"对话框中将"粗略比例填充样式"改为"实体填充","粗略比例填充颜色"改为"RGB 140-140-140"。

③ 单击"✔"结束编辑。

④ (可选)在该楼板的属性对话框中选中参数"结构",将其从建筑楼板转为结构楼板。

【提示】如果需要重新编辑楼板轮廓,请选择楼板,然后单击"修改|楼板"→"模式"→

"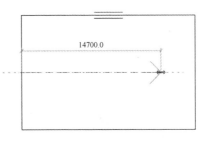编辑边界"进行修改,最后单击"✔"结束编辑。

【功能扩展】 斜楼板

可以通过以下三种方式绘制斜楼板:

① 绘制一个坡度箭头

进入楼板编辑状态,单击功能区"修改|楼板"→"编辑边界"→"坡度箭头",绘制一个坡度箭头,见图2-52。

图 2-52

在其"属性"对话框中选择指定"尾高"可以通过输入"底"(箭头尾)和"头"(箭头)的标高和偏移值指定楼板的倾斜位置,见图2-53。

也可以在其"属性"对话框中选择指定"坡度"直接输入坡度值确定楼板倾斜位置,见图2-54。

图 2-53

图 2-54

② 指定平行楼板轮廓线的"相对基准的偏移"值

进入楼板编辑状态,选择一条边界线,在"属性"对话框中选择"定义固定高度",输入"标高"和"相对基准的偏移"的值。继续选择其平行边界线,用相同的方法指定"标高"和"相对基准的偏移"的值,见图2-55。

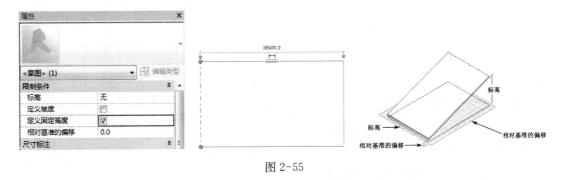

图 2-55

③ 指定单条楼板轮廓线的"定义坡度"和"坡度"值

进入楼板编辑状态,选择一条边界线,在"属性"选项板上,选择"定义固定高度"(激活

"定义坡度"参数）。选择"定义坡度"，输入"坡度"值。同时，可选择输入"标高"和"相对基准的偏移"的值，见图 2-56。

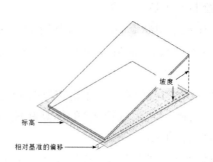

图 2-56

2.3.4 坡道

坡道与楼梯所用的工具和程序基本相同。可以通过绘制"梯段"或"边界线＋踢面线"的方式来创建坡道。与楼梯类似，可以定义直梯段、L 形梯段、U 形坡道和螺旋坡道。还可以通过修改草图来更改坡道的外边界。

1. 用"边界线＋踢面线"创建入口坡道

① 打开 0F 平面视图，单击"建筑"→"楼梯坡道"→◇（坡道）。

② 在其"属性"对话框中设置其底部标高为"0F"，顶部标高为"1F"，见图 2-57。

图 2-57 　　　　　　　　　　　　　图 2-58

③（可选）单击"修改|创建坡道草图"→"工具"→▧ "栏杆扶手"，打开"栏杆扶手"对话框，选择"900 mm 圆管"，单击"确定"结束设置，见图 2-58。

④ 单击"修改|创建坡道草图"→"绘制"→🔛 "边界"选择一个绘图工具绘制坡道边界，需要注意的是，为确保之后正确添加坡道栏杆，需要在变坡点处断开边界线，见图 2-59。

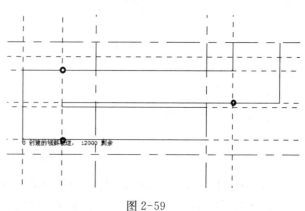

图 2-59

⑤　然后,单击 "踢面",选择一个绘制工具绘制踢面,见图 2-60。

⑥　单击 "✔" 结束编辑,三维效果图见图 2-61。

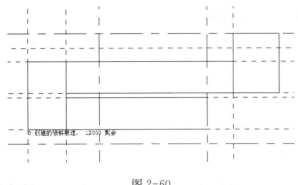

图 2-60

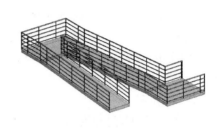

图 2-61

2.　用"梯段"创建地下室入口坡道

地下室入口坡道是由多段坡道组合而成的。绘制方式也结合了"边界线＋踢面"和"梯段"两种,下面将重点介绍办公楼项目中一段地下室的入口坡道采用"梯段"绘制的具体步骤。

①　打开－2F 平面视图,单击"建筑"→"楼梯坡道"→(坡道)。

②　在其"属性"对话框中按下图指定其"底部标高"等参数值。并调整其"宽度"为5 000,见图 2-62。

③　打开"栏杆扶手"对话框,选择"无",取消栏杆扶手的自动添加。见图 2-63。

④　单击"修改|创建坡道草图"→"绘制"→"梯段"选择一个绘图工具绘制梯段,见图2-64。

【提示】如果坡道默认的坡道的长度不够,可以用 "(对齐)"工具调整"踢面线"到相应位置,见图 2-65。

图 2-62

图 2-64

图 2-63

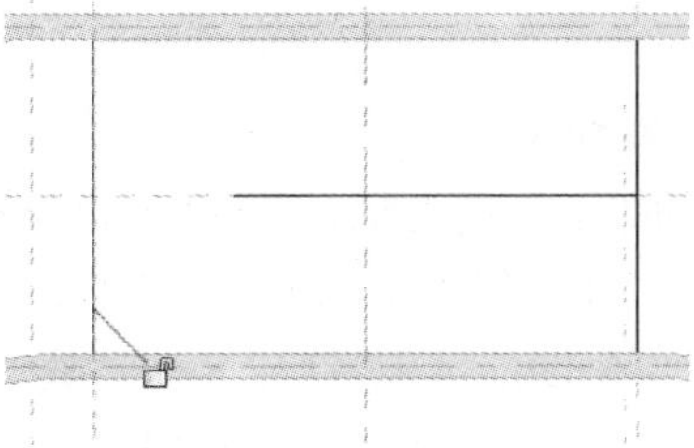

图 2-65

⑤ 单击"✔"完成创建。

请 B 组人员使用以上介绍的两种方式完成地下室入口坡道的绘制,需要时可参考 DVD 中"第二天\D2_B组_坡道. rvt"。

【提示】如果绘制的过程中,出现如下警告,表明所绘制的坡道坡度太小无法达到坡道最高点和最低点的位置要求,这时需要将该坡道的类型参数"坡道最大坡度$(1/x)$"改小以适应坡道坡度的要求。见图 2-66。

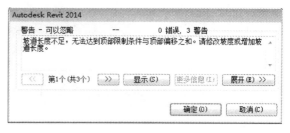

图 2-66

2.3.5 门和窗

在 Revit® 中,门和窗是必须基于"墙"使用的一类族,也就是说必须有墙作为主体,门窗才可以被添加到项目中,同时墙上会自动剪切一个门窗"洞口"并放置门窗族。无论在平面、立面还是三维视图中,只要找到适合的角度,均可以添加门窗。

门窗添加的简要步骤为:打开视图,使用"门""窗"工具选择所需要的门窗类型,然后将其插入到相应的墙上,(可选)调整门窗属性值或精确定位门窗位置。

1. 添加门

① 单击功能区中"插入"→"从库中导入"→"载入族",载入一个"单扇防火门"。

② 单击"建筑"→"构建"→"门",选择"单扇防火门",类型为"800×2 400 mm 乙级",然后在绘图区域,将该门插在相应的墙上,见图 2-67。点击鼠标左键确定放置,并单击两次 Esc 结束"门"。

③ 重新选择该门,单击蓝色的"临时尺寸"输入距离值以调整门的实际位置。同时,可以用蓝色的"翻转控制"调整门扇的开启方向,见图 2-68。

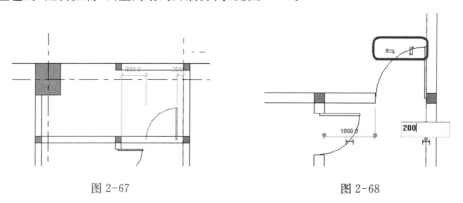

图 2-67   图 2-68

2. 添加窗

窗的添加与门类似,即选择项目样板文件中自带的族或从族库中导入族进行添加。在此介绍一下使用中国族库中的"样板窗"族添加窗的过程。

① 单击功能区中"打开"→"🗂️族",选择 Revit® 默认安装的中国族库中"建筑"→"窗"→"样板",选择"普通窗",见图 2-69。

【提示】"样板"文件夹中的窗族文件提供了多个嵌套族(在族中载入其他族,被载入的族称为嵌套族)便于用户创建新的样式,见图 2-70。

图 2-69

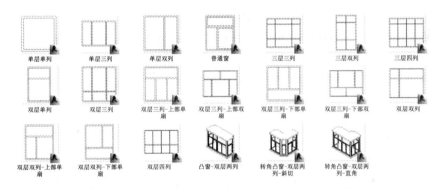

图 2-70

其特点在于,其窗构件(横档,竖梃,框架)均以嵌套族的方式创建而成,这就使其具有更大的灵活性,方便用户定义。

② 打开该族,选择其右侧平开扇,在其"属性"对话框中,选择另一"窗扇样式"—上下推拉,见图 2-71。改变窗扇样式后的普通窗,见图 2-72。

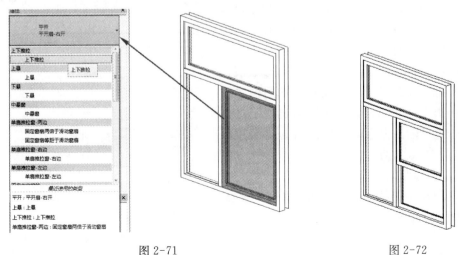

图 2-71　　　　　　　　　　　　　　　　　图 2-72

③ 单击功能区中"修改"→"族编辑器"→ 📥"载入到项目中",将其载入已经打开的项目中。

④ 载入进项目中(当前视图为:1F)后,默认该窗族在准备添加状态,这时将其连续两次放入对应的外墙上,见图2-73。

⑤ 单击功能区中"注释"→"尺寸标注"→"对齐",从一侧轴网处开始连续标注两个窗族与相邻轴网的尺寸,见图2-74。

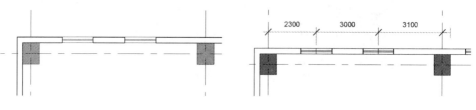

图 2-73   图 2-74

⑥ 标好尺寸后,单击尺寸标注上面出现的蓝色"EQ",见图2-75。之后,这两个窗实例将自动在两个轴网之间等距排列。

⑦ 选中该窗族,可以在其"属性"对话框中修改该窗的实例和类型参数以满足项目的需要,在此不赘述。

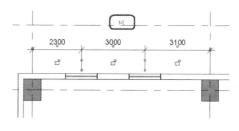

图 2-75

【提示】"属性"中的实例参数"底高度"和"顶高度"(图2-76)对于调整窗的位置非常有用。"底高度"是指相对于放置此窗实例的标高与窗底部的距离,"顶高度"是"底高度"和"窗高度"之和。

"门"也同样预设了这两个参数,但多数情况下门的"底高度"为0。

3. 门窗的类型标记

在接下来施工图绘制的过程中,需要在项目中为已加载的门窗进行标记。"标记"是一种"注释",通常是通过显示门窗的"类型标记"属性值来确定图形中门窗的特定类型。

默认情况下,Revit® 会自动添加一个参数值在"类型标记"中。在此 B 组人员要在添加门窗之后按照施工图出图需要为该门窗重新指定一个类型标记值用于之后的门窗标记。例如,在该办公楼项目中,我们指定"双扇防火门—1 400×2 400 mm 甲级"的类型标记为"FM3",见图2-77。

添加了门窗标记的平面视图如图2-78所示,具体标记的方法请参见"4.2.3 标记"。

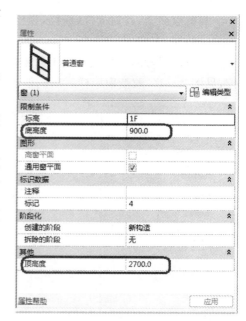

图 2-76

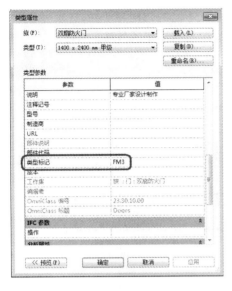

图 2-77

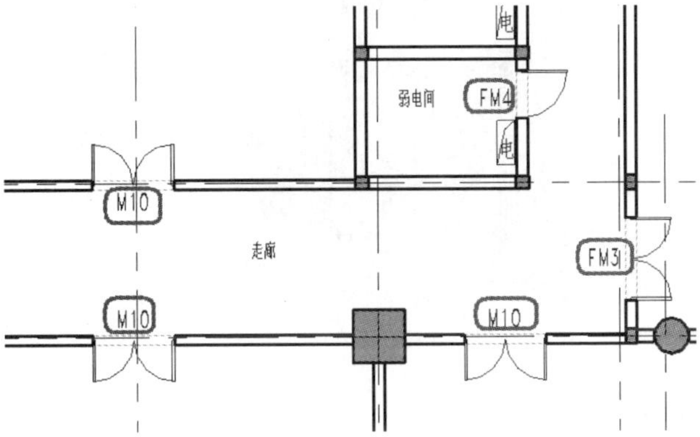

图 2-78

2.4　深化外立面——C 组

前面各节已介绍了如何建立工作集,深化场地和平面,下面本节向大家详细介绍如何深化建筑外立面。效果图如图 2-79 所示。

2.4.1　思路解析

➢ 一般幕墙文件数据量都比较大,如果直接将幕墙合并在建筑中心文件中完成,会影响模型运转速度。我们推荐单独创建建筑幕墙,用户可以通过链接模型的方式,与建筑中心文件实现对接。

➢ 外墙一般分为实体外墙与幕墙,在此分别按照两种不同的创建方法进行介绍。

➢ 根据不同的建筑层高,可以将建筑外立面大致分为两大层:一二层与标准层。幕墙编辑可以按照这两大层,分别设计。

图 2-79

➢ 为了减少对标准层的再编辑,建议将标准层做成一个“组”,复制到每一层之后,如有修改,可以通过修改其中一个“组”,实现标准层的全体修改。

➢ 作为核心筒的组成部分,楼梯井和电梯井的部分幕墙建议独立创建。

2.4.2　创建实体外墙

为了创建如图 2-80 的实体外墙,我们可以通过两种不同的方法:

• 分上下段分别绘制实墙:由于分段绘制的方法与内墙绘制基本相同,在此不再详述。

• 通过叠层墙绘制：当同一面墙上下分成不同的厚度、不同的结构、不同的材质等若干层时，可以选用叠层墙来创建。这种方法非常适合创建底层带有墙裙的外墙。

图 2-80

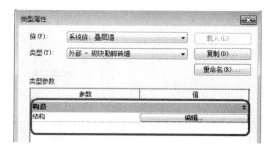

图 2-81

1. 创建叠层墙

① 打开 DVD 中"项目最终文件\玻璃幕墙和屋顶.rvt"，切换到楼层平面"0F"，单击"建筑"→"构建"→"墙"，在下拉菜单中选择"墙：建筑"，在类型选择器中选择"叠层墙：外部-砌块勒脚砖墙"类型。

② 打开类型属性编辑器，单击"编辑"按钮对于叠层墙的结构进行定义，见图 2-81。

③ 在激活的"编辑部件"对话框中，在"类型"一栏中添加了两种基本墙类型，"外部-带砖与金属立筋龙骨复合墙"与"外部-带砌块与金属立筋龙骨复合墙"，分别对应了预览图中上下两段外墙，见图 2-82。其中上段外墙"外部-带砖与金属立筋龙骨复合墙"的"高度"参数设置为"可变"，当通过实例参数进行墙体的高度调整时，下端外墙的高度是固定不变的，而上段高度可以随着外墙的整体高度的变化而变化。

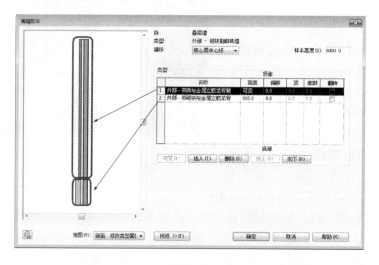

图 2-82

④ 当需要单独对于上下两段的外墙进行设置时，可以在项目浏览器中双击"族"→"墙"→"基本墙：外部-带砌块与金属立筋龙骨复合墙"，进行墙体构造的修改。具体步骤可以参

考"2.3.2 墙",见图 2-83。

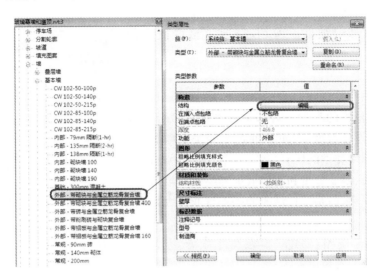

图 2-83

⑤ 在实例参数对话框中对于裙房的实体墙的绘制进行如图 2-84 的设置,可以限定墙体的高度。

⑥ 按照草图模型阶段的平面布局,在绘图区域内进行实墙的绘制。

2. 在实体外墙中添加门窗

在实体外墙中添加门窗的基本步骤请参考"2.3.4 门和窗"。

3. 在实体外墙中嵌套玻璃幕墙

如果需要创建如图 2-85 所示的嵌套幕墙,可以采用以下步骤。

图 2-84

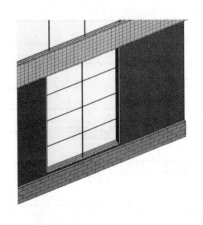

图 2-85

① 切换到"0F"楼层平面,按照创建叠层墙的步骤,从 A 点至 D 点绘制实体外墙,见图 2-86。

② 单击"建筑"→"构建"→"墙"下拉菜单中选择"墙:建筑",在类型选择器中选择"幕墙:幕墙嵌板 7",

图 2-86

在 B 点至 C 点的位置绘制幕墙,在实例参数中按照如图 2-87 所示进行设置。

③ 实体墙部分被幕墙剪切,完成了幕墙嵌套的过程。

2.4.3 创建幕墙

Revit® 提供两种创建幕墙的方式。其一,通过新建幕墙类型,调整幕墙的类型参数和实例参数来拟合幕墙设计的需要,当设计改变后,可以通过改变类型参数,批量修改调用此幕墙类型的所有幕墙;其二,通过手动依次添加幕墙网格线、幕墙竖梃和幕墙嵌板来绘制幕墙,这类

图 2-87

创建方法较为灵活,但是批量修改的手工量非常大,一般结合"组"的使用来达到批量修改的效果。

1. 新建幕墙类型:创建一二层裙房幕墙

(1) 幕墙类型参数设置

单击"建筑"→"墙"→下拉菜单中选择"建筑:墙"→在幕墙类型中选择"裙房 1-2 层_外部玻璃幕墙",打开类型参数对话框。在图 2-88 中对于类型参数作简单的介绍:

➢ 幕墙嵌板:在幕墙嵌板的下拉框中,已有预先载入的墙和幕墙嵌板类型,见图 2-89。C 组人员经常选用的是"玻璃"或者"石材"系统幕墙嵌板,也可以在"项目浏览器"→"族"→"幕墙嵌板"→"系统嵌板"中新建系统幕墙嵌板。

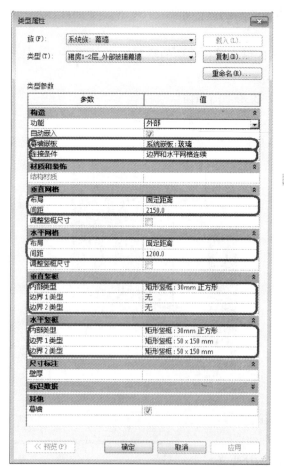

图 2-88

图 2-89

➢ "链接条件":在 Revit® 2014 中一共有 5 种竖梃链接方式:默认的"未定义"值,表示用户可以按照设计要求,自定义需要连接的方式。其他的四种连接方式是 Revit® 2014 中系统预设的快速连接方式,见图 2-90。

➢ "垂直网格"/"水平网格":其作用是确定竖梃的添加位置。可以通过调整三个参数:布局、间距和调整竖梃尺寸,实现对垂直项网格整体编辑,其中"布局"有五种类

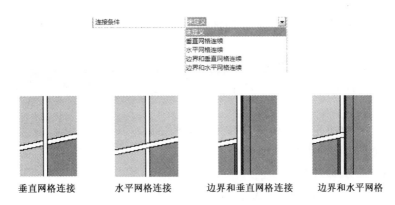

图 2-90

型,见图 2-91,常用的为"固定距离",便于 C 组人员确定幕墙嵌板的尺寸大小。

➢ "垂直竖梃":Revit® 提供了"内部类型"、"边界1类型"和"边界2类型"三个位置可以分别添加编辑。通常在"边界1"和"边界2"的位置应当选用"转角竖梃"的类型。但是由于转角竖梃在类型参数中进行设

图 2-91

置容易造成重叠,因此通常将"边界1"和"边界2"类型设置为"无",之后通过手动添加来创建转角幕墙。

在"内部类型"中提供了多种竖梃类型可供选择,如果 C 组人员需要新增或者修改竖梃类型,可以在"项目浏览器"→"族"→"幕墙竖梃"中新建或者修改竖梃类型,特别注意 Revit® 提供了两种基本的内部竖梃类型"圆形"与"矩形",C 组人员可以在此之下新建类型,并且修改"轮廓"和"材质"和"半径"参数,见图 2-92。

➢ "水平竖梃":C 组人员一般将对"内部"、"边界1"和"边界2"的竖梃类型都进行设置。

(2) 幕墙实例参数设置

在绘制幕墙的时候,需要对于幕墙的实例参数进行设置,为了绘制裙房幕墙,其实例参数设置见图 2-93。

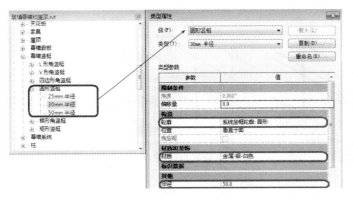

图 2-92

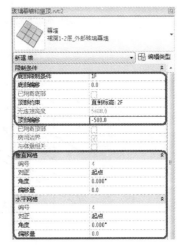

图 2-93

➤ "底部限制条件"，"底部偏移"、"顶部约束条件"和"顶部偏移"：确定了幕墙绘制的上下边界条件。

➤ "角度"参数决定了整个网格的旋转角度，当垂直和水平角度都设置为"30"时，可以产生图 2-94 的效果。

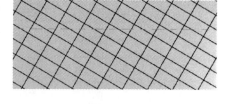

➤ "偏移量"参数决定了整体网络按照"对正"的方式向上或者向右偏移的数值。

2. 修改：一二层裙房幕墙

图 2-94

首先需要提醒 C 组人员的是关于"锁定"和"解锁"的概念，在使用新建幕墙类型的方式绘制幕墙之后，对于幕墙构件：网格线、竖梃、幕墙嵌板的修改都会涉及"解锁"的过程，见图 2-95。在解锁之后，可以对于幕墙构件进行类型选择或者位置的修改，具体的修改步骤在下文会有详述。

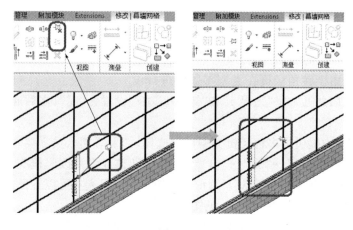

图 2-95

其次，在解锁之后，如果重新锁定幕墙构件，那么之前所做的所有修改会被覆盖，幕墙构件会恢复到幕墙类型参数所设定的初始状态，见图 2-96。

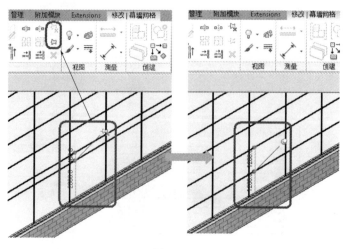

图 2-96

（1）调整网格线

① 单击"建筑"→"构建"→▦"幕墙网格"，在"修改|放置幕墙网格"中选择"全部分段"，见图 2-97。在合适的位置整段添加网格线，同时水平竖梃也会自动添加，如果选择"一段"可以在已有的网格单元中逐一添加小段的网格线。

② 通过"Tab"键选取到已经创建的幕墙网格线，单击"解锁"控制符，修改网格线的位置，见图 2-98。

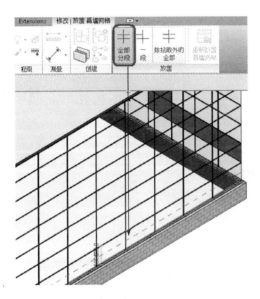

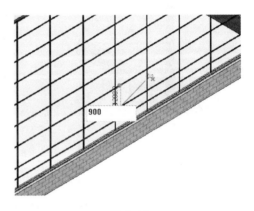

图 2-97　　　　　　　　　　　　　　　　图 2-98

③ 通过"Tab"键选择幕墙网格线，在不单击"解锁"控制符的情况下，单击"添加|删除线段"，见图 2-99。

④ 在合适的位置单击所要删除的网格线段，系统提示"正被连接的嵌板间的竖梃将被删除"，单击"删除图元"，网格线段与竖梃都被删除，见图 2-100。

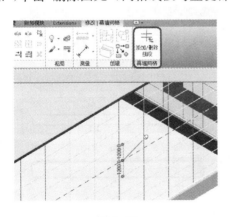

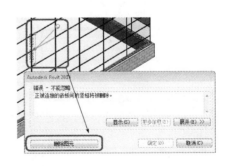

图 2-99　　　　　　　　　　　　　　　　图 2-100

（2）修改幕墙竖梃

① 选择一段水平竖梃，不单击"解锁"符号，在竖梃两端出现"切换竖梃连接"的控制符，

单击控制符可以实现水平贯通或者垂直贯通,如果单击"修改|幕墙竖梃"中"结合"或者"打断"按钮,也可以达到和控制符相同的效果,见图 2-101。

② 选择一段水平竖梃,单击"解锁"控制符,在类型选择器中切换类型,见图 2-102。

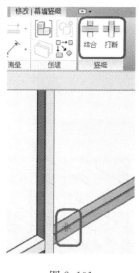

图 2-101

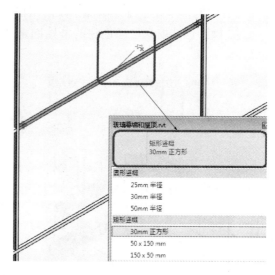

图 2-102

(3) 添加转角竖梃

① 单击"建筑"→"构件"→"竖梃",在出现如图 2-103 所示的三种添加竖梃的方式中选择"网格线"。

② 在"类型选择器"中从 Revit® 系统提供了四种转角竖梃中选择"L 形角竖梃",见图 2-104。

③ 在属性对话框中新建一个 L 形角竖梃的类型,命名为"L 形竖梃_50×50 mm",修改"厚度"和"长度"等类型参数,见图 2-105。

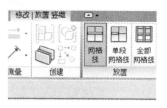

图 2-103

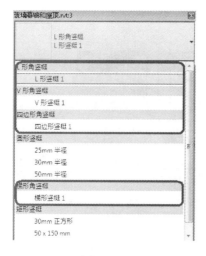

图 2-104

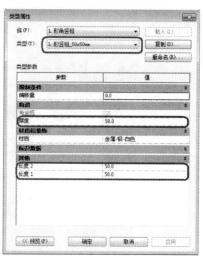

图 2-105

④ 在绘图区域内选择转角位置的网格线,转角竖梃被自动添加。

【提示】Revit®提供了四种系统内置的转角竖梃,C组人员可以在此基础上通过修改类型参数添加新的类型,但是无法添加新的转角竖梃的族,也无法通过修改竖梃轮廓来自行创建新的转角竖梃的几何形体。四种角竖梃的形态列举见图2-106。

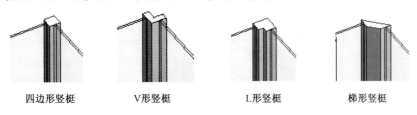

四边形竖梃　　　　V形竖梃　　　　L形竖梃　　　　梯形竖梃

图 2-106

（4）修改幕墙嵌板

① 通过"Tab"键选取一个幕墙嵌板,单击"解锁"控制符,在类型选择器中选择"不锈钢嵌板",见图2-107。原先的玻璃嵌板被更换为不锈钢嵌板。

② 打开"不锈钢嵌板"类型属性对话框,新建一个类型,命名为"不锈钢嵌板_偏移量50 mm",修改"偏移"参数为50,"厚度"参数为30,这时,整块不锈钢幕墙嵌板距离原先的位置向外偏移了50 mm,厚度更新为30 mm,见图2-108。

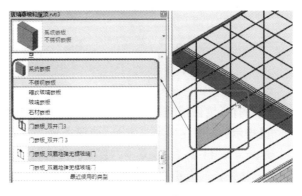

图 2-017

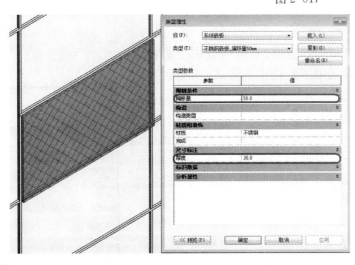

图 2-108

（5）添加幕墙门窗

① 幕墙门窗其实也是幕墙嵌板的一种特殊类型,在添加过程中与之前的步骤类似,当选中相应的幕墙嵌板,取消"锁定"后,在类型选择器中选择"窗嵌板"或者"门嵌板",进行替

换,见图 2-109。

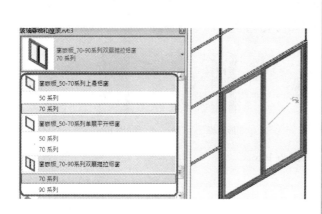

图 2-109 图 2-110

② 打开窗嵌板的类型属性对话框,将相应的材质参数进行设置,见图 2-110。

【提示】在创建幕墙门窗时,必须选择合适的模板,应当选用中国族库所提供的"公制门-幕墙. rft"和"公制窗-幕墙. rft",不能选用一般的门窗模板。因为适用于幕墙的门窗会随着幕墙嵌板的大小自适应,一般的门窗无法提供这样的功能。

当需要从族库中添加新的幕墙门窗时,应当从"幕墙\门窗嵌板"路径中去搜索。

同时,在选用幕墙门窗时,必须通过选中幕墙嵌板,在类型选择器中进行切换的方式,不能通过直接从项目浏览器中拖曳的方式。

3. 手动创建:标准层幕墙

通过新增幕墙类型的方式创建幕墙会有很多的手工调整的工作,有时为了便捷,C 组人员可以选择完全手工添加各类幕墙构件的方式进行创建。

(1) 添加网格线

① 单击"建筑"→"构建"→"墙"下拉菜单中选择"建筑:墙",在类型选择器中选择"空幕墙"类型,发现在类型参数对话框中除了"嵌板"和"连接条件"被设置了参数之外,其他基本为"无",见图 2-111,这就为接下来的手工添加幕墙构件增加了便利条件。在绘图区域绘制"2F"至"3F"标准层的玻璃幕墙。

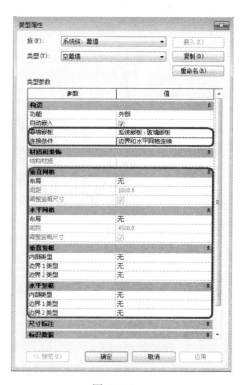

图 2-111

②　单击"建筑"→"构建"→"幕墙网格"→"全部分段",在已创建的幕墙上添加一条距离边界为 1 800 mm 的竖向网格线。

③　选择所添加的竖向网格,单击"修改|幕墙网格"→"修改"→"阵列",按照 1 800 mm 的间隔创建剩余的垂直网格线,见图 2-112。

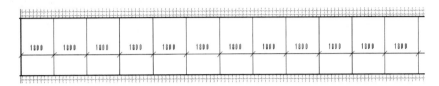

图 2-112

(2) 添加幕墙竖梃

①　单击"建筑"→"构建"→"竖梃"→ ▦ "全部网格线",在类型选择器中选择"矩形竖梃:30 mm 正方形",选择刚才创建的垂直竖梃组。

②　单击"建筑"→"构建"→"竖梃"→"网格线",在类型选择器中选择"矩形竖梃:50×150 mm",选择上下两条水平网格线。

(3) 调整幕墙嵌板

相隔两个嵌板选择,将所选中嵌板的"锁定"去掉,将嵌板替换为"窗嵌板_50-70 系列上悬铝窗:70 系列",见图 2-113。

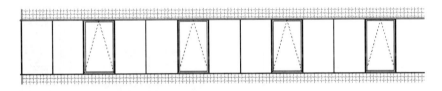

图 2-113

(4) 编组整体创建标准层幕墙

①　按照类似步骤创建 3F 至 4F 的幕墙。

②　创建 900 mm 高的"外部-带铝板与金属立筋龙骨复合墙"类型的实体外墙

③　选择 3F 至 4F 的标准层幕墙和实体外墙,单击"建筑"→"模型"→"模型组"下拉菜单中 ⌖ "创建组"按钮。在"创建模型组"对话框中输入"标准层外墙",单击"确定"。

④　选择新建的模型组,单击"建筑"→"修改"→"阵列",创建另外 7 层标准层外墙,见图 2-114。

【功能扩展】　组

当需要创建表示重复布局或通用于许多建筑项目的实体时,可以利用"创建组"功能将图元组合成"组",然后将组重复放置在项目中,并且当修改组中的任意图元,该组所有实例的图元都会随之改变。

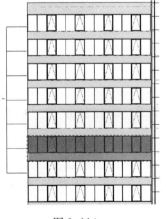

图 2-114

"组"有"模型组"、"详图组"和"附着的详图组"三种。

➤ 模型组：包含模型图元，例如将卫浴设备组合成标准卫生间，见图 2-115。

➤ 详图组：包含视图专有图元，如填充区域、遮罩区域、文本、详图线、尺寸标注、标记等。注意，要求尺寸标注和标记必须与它们所参照的图元位于同一组中。

➤ 附着的详图组：附着了详图组的模型组，也就是视图专有图元作为"嵌套"的组包含在模型组下。具体的创建方法是：选取已经创建的模型组，单击"编辑组"，工具栏中选择"附着"，输入需要附着的详图组的名称，见图 2-116。

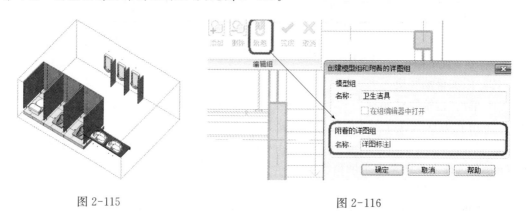

图 2-115   图 2-116

单击确定后，通过"添加"工具，选取详图构件，组成模型组的附着详图组，见图 2-117。

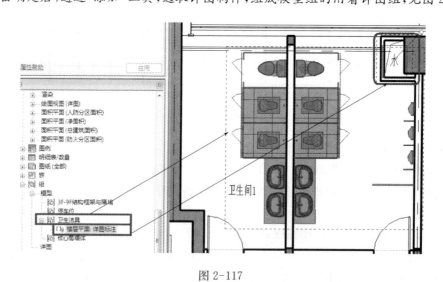

图 2-117

2.5　深化屋顶——C 组

Revit® 提供两种创建屋顶的方法，迹线屋顶和拉伸屋顶。根据屋顶的不同形式可以选择不同的创建方法。

➤ "迹线屋顶"是通过在平面视图中指定屋顶的迹线或轮廓，并通过识别坡屋面边缘的迹线线段来定义屋顶坡度的创建方式。"迹线屋顶"适合创建常规的坡屋顶和平屋顶。

➤ "拉伸屋顶"是通过在立面视图中绘制屋顶的轮廓，然后拉伸它，或通过设置起点和终点的位置,指定拉伸深度的创建方式。"拉伸屋顶"适合创建有规则断面的屋顶。

2.5.1　创建实体屋顶

（1）打开项目文件,切换到 RF 平面视图,单击功能区"建筑"→"构建"→"屋顶"下拉列表"→ 🚩"迹线屋顶"。在其"属性"对话框中的"类型选择器"下拉列表中选择"架空隔热保温屋顶-混凝土",见图 2-118。然后修改其"属性"对话框中的参数"自标高的底部偏移"值为 0。

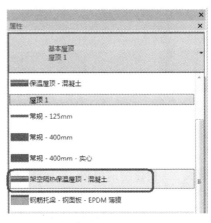

图 2-118

（2）在"修改"→"创建屋顶迹线"下选择一个"边界线"绘制工具,在相应的位置绘制屋顶边界线,见图 2-119。最后点击"🔒"锁定边界线和相关参照平面。注意,草图中,屋顶外轮廓必须是闭合的环。

（3）在绘图区域选择"左"屋顶边界线并取消勾选工具栏中"定义坡度"参数,见图 2-120。"右"和"上"的边界线同此设置。

（4）继续选择"下"边界线,单击其一侧出现的符号"◁"来修改坡度值,将其改为"3.00°",见图 2-121。

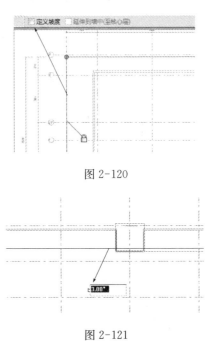

图 2-120

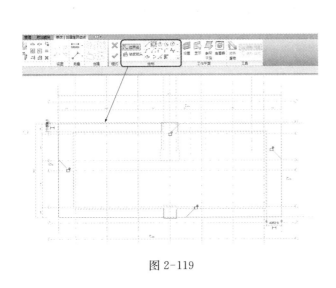

图 2-119

图 2-121

图 2-122

（5）单击"✔"完成屋顶的绘制,打开三维视图查看屋顶,见图 2-122。

（6）剪切屋顶洞口。切换视图至 RF 平面,单击"建筑"选项卡→"洞口"面板→ 🗔"按面",选择要别剪切的屋顶,选择一个绘制工具在屋顶上绘制一个闭合的矩形洞口,见图 2-123。

（7）单击✔完成编辑模式。三维视图可见屋顶已经被洞口自动剪切，见图 2-124。

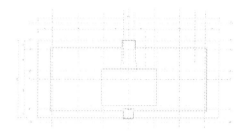

图 2-123   图 2-124

2.5.2 创建玻璃屋顶

2F 的屋顶是由"架空隔热保温屋顶-混凝土"屋顶和玻璃屋顶组合而成的。"架空隔热保温屋顶-混凝土"同样是用"迹线屋顶"方法创建，具体步骤参见 2.5.1，在此不再赘述，具体尺寸请参考 DVD 光盘中"最终项目文件\玻璃幕墙和屋顶.rvt"。

下面将介绍怎样创建玻璃屋顶（斜窗）。

① 切换至 2F 平面视图。单击功能区"建筑"→"构建"→"屋顶"下拉列表"→"迹线屋顶"，在其"属性"对话框中的"类型选择器"下拉列表中选择"玻璃斜窗"作为屋顶类型，见图 2-125。

② 选择一个绘制工具在绘图区域绘制玻璃屋顶的轮廓，见图 2-126。

图 2-125   图 2-126

③ 选中所有草图轮廓线，在其"属性"对话框中取消勾选参数"定义屋顶坡度"，见图 2-127。

④ 在其"属性"对话框中设置"椽截面"为"垂直截面"，"网格 1、2"的倾斜"角度"为 60，见图 2-128。

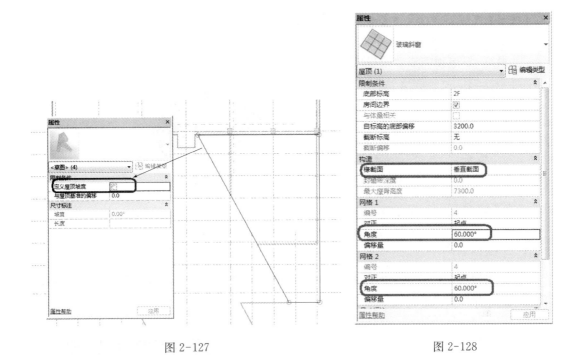

图 2-127　　　　　　　　　　　　　　　图 2-128

【提示】"椽截面"的三种样式效果见图2-129:

如果选择"垂直双截面"或"正方形双截面",需要为"封檐带深度"指定一个介于0和"屋顶厚度"之间的值。

⑤ 单击"编辑类型"按钮,打开"类型属性"对话框,通过如图2-130所示的设置在玻璃斜窗的幕墙嵌板上幕墙网格1,2的布局和间距,并添加竖梃1,2和设置竖梃类型。

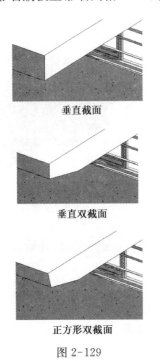

垂直截面

垂直双截面

正方形双截面

图 2-129

图 2-130

【提示】具体参数释义等请参见"2.4.3 创建幕墙"。

⑥ 单击 ✔ 完成玻璃屋顶的绘制,三维效果见图2-131。

⑦ 最终2F屋顶完成效果见图2-132。

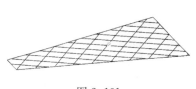 

图2-131   图2-132

⑧ 添加屋顶檐沟。切换至三维视图,单击功能区"建筑"→"构建"→"屋顶"下拉列表→ ⯈ "屋顶:檐沟",鼠标放在要放置檐沟的屋顶一侧的水平边缘,该边缘将被高亮显示,见图 2-133。

⑨ 单击鼠标左键放置檐沟,继续单击其他边缘线完成檐沟的添加。相邻的檐沟将被自动连接起来,见图2-134。

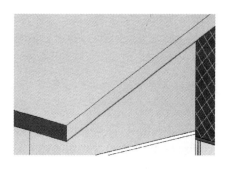 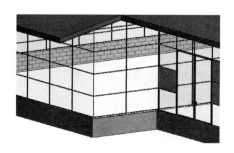

图2-133   图2-134

【提示】在三维视图中,选中屋顶檐沟,单击" ⇕ 翻转控制"可将分封檐板围绕垂直轴或水平轴翻转。单击蓝色的拖曳控制点,可将封檐板移至所需的位置,见图 2-135。

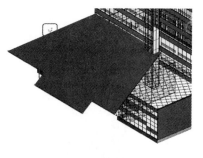

【功能扩展】 拉伸屋顶

采用"拉伸"的方式创建屋顶同样是比较常见的屋顶创建方式,使用它可以创建具有简单坡度的屋顶,并且对于"迹线屋顶"无法创建的异性断面屋顶,也可以用"拉伸"创建。在此将简单介绍一下拉伸屋顶的创建。

图2-135

① 新建一个项目,打开1F平面视图,绘制一层墙体和相应参照平面,并给右侧的一根参考平面命名为:右,见图2-136。

② 单击功能区"建筑"→"构建"→"屋顶"下拉列表→ ◿ (拉伸屋顶)。在打开的"工作平面"对话框中选择指定一个新的工作平面:参照平面(右),见图2-137。

③ 接下来选择"立面:东"作为编辑屋顶草图轮廓的绘图视图,见图2-138。

④ 输入屋顶外轮廓线基于标高2的偏移量300,见图2-139。

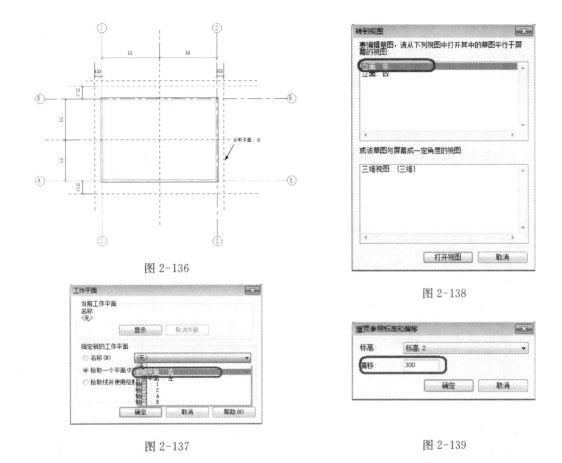

图 2-136

图 2-138

图 2-137

图 2-139

　　⑤ 在"属性"对话框中的类型下拉列表中选择"常规－125 mm"作为屋顶的类型。然后在打开的东立面视图中，会自动高亮一根临时的位于标高 2 上 300 的参照平面，利用它定位轮廓线的起点绘制屋顶的截面形状线，见图 2-140。

　　⑥ 单击"✔"完成屋顶的绘制。切换至"标高 1"视图，拖拽蓝色控制点到左侧参照平面并将其与屋顶边线锁定，见图 2-141。

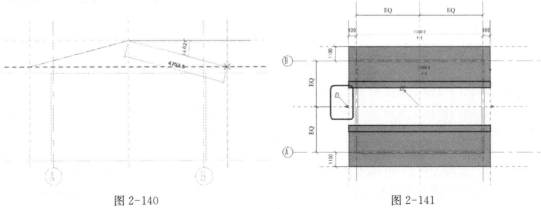

图 2-140

图 2-141

　　【提示】默认情况下，"标高 1"视图默认的"视图范围"看不到屋顶，这可以通过调整"标高 1"的视图范围解决，见图 2-142。

⑦ 打开三维视图,先选择单个墙体并按住 Ctrl 键逐一添加其他墙体直至选中所有墙体,单击"修改 l 墙"→"修改墙"→"附着顶部/底部",选择被附着的主体:屋顶,将墙体与屋顶连接起来,见图 2-143。

图 2-142   图 2-143

【提示】可以通过选择单个墙体,单击鼠标右键→选择全部实例→在视图中可见(整个项目中),达到选择所有墙的目的,这个方法对于在复杂项目中的选择非常实用。

2.6 细部深化——D 组

在第二天的练习中,D 组人员作为详图和大样图的绘制人员,将负责模型细部的深化,重点是楼梯间、核心筒(含电梯和封闭楼梯间)、室外坡道、台阶灯,用以准备施工图阶段详图与大样图的绘制。

2.6.1 电梯间

D 组人员打开 DVD 中"项目最终文件\建筑中心文件.rvt",切换到"4F-施工图标注"平面视图,图 2-144 为重点介绍的核心筒中电梯间的细部绘制部分。

1. 绘制电梯井防火墙和内隔墙

由于电梯的绘制与电梯井防火墙、内隔墙有着密切的联系,因此 D 组人员需要将这些图元都归入"工作集-核心筒"中。在"2.3.2 墙"章节中已经详细介绍了墙体的绘制方法,在此就不赘述了。

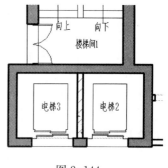

图 2-144

2. 电梯井的竖向开洞

① 单击功能区"建筑"→"洞口"面板→⊞"竖井"按钮,激活修改|创建竖井洞口草图模式,选择合适的绘制工具绘制电梯井的边界线,见图 2-145。

② 在属性面板中设置顶部和底部的限制条件和偏移量,见图 2-146。单击 ✔ 完成绘制,见图 2-146。

3. 选择合适的电梯族

在进行电梯设计时,电梯族是关键。请打开 DVD 中"族\其他\商业电梯.rfa",这个族的设计中包含了符合中国电梯表达习惯的平面、剖面二维图形、电梯轿厢的三维形体和作为嵌套族的商业电梯门.rfa。整个电梯族可以通过预设的参数进行修改,从而满足不同尺寸的需要。商业电梯族是基于墙使用的族,与"2.3.4 门和窗"章节中门窗的使用相类似,在载入基于墙的商业电梯族时,必须加载在已经绘制完成的墙体上。所以在导入项目文件之前,需要将电梯井的防火墙以及内隔墙绘制完成。

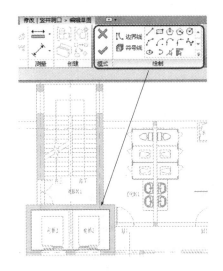

图 2-145

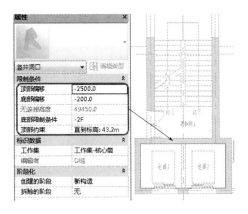

图 2-146

4. 载入项目

① 打开"商业电梯.rfa"，单击"插入"→"族编辑器"→"载入到项目中"，拖曳商业电梯族文件到"建筑中心文件.rvt"中"－1F"楼层平面的合适的位置。

② 选中商业电梯族文件，在属性对话框中对于实例参数进行设置，见图 2-147。

➤ "注释"中填写的内容将在电梯族标记中显示出来。

➤ "工作集"中选择"工作集-核心筒"。

➤ "井道高度"与电梯井总高度相一致。

➤ "架空高度"为电梯冲顶高度。

③ 选中商业电梯族文件，打开"类型属性"对话框，对于其中的电梯类型参数进行设置，见图 2-148。

图 2-147

图 2-148

➤ 调整"竖井洞口宽度"和"竖井洞口深度",使其等于电梯井道尺寸。

➤ 调整"门高度"和"门宽度"使其等于电梯门尺寸。

➤ 调整"轿厢宽度"、"轿厢深度"和"轿厢高度"使其在三维和二维表达上符合实际电梯轿厢尺寸。具体可以参考电梯厂家资料。

➤ "深坑高度"为电梯底坑高度。

④ 单击"修改"→"对齐",将商业电梯族的四边与电梯井隔墙相对齐。

⑤ 由于"商业电梯门.rfa"作为"商业电梯.rfa"的一个嵌套族,已经被设置为"共享"嵌套族,因此在加载商业电梯族的同时,商业电梯门族也自动加载进行项目,打开除"−1F"楼层之外的其他所有楼层,将商业电梯门族插入相应的位置。

⑥ 在项目中选中商业电梯门族文件,打开类型属性对话框,确保其类型参数数值和商业电梯族文件中的相一致,见图 2-149。

⑦ 核心筒电梯部分创建完成。

2.6.2 楼梯

1. 楼梯基本概念介绍

(1) 两种创建方式

单击"建筑"→"楼梯坡道"→"楼梯",在下拉菜单中出现两种楼梯创建方式"按构件"和"按草图",见图 2-150。目前我们推荐使

图 2-149

用"按构件"创建方式,因为这是 Revit® 2013 之后发布的新功能,其涵盖了"按草图"模式下的所有创建功能,并且增加了更多新功能,为楼梯创建带来很大的灵活性。在"按构件"创建过程中,有两种模式可以选择:"自动创建"和"草图绘制"。

➤ 自动创建

单击"楼梯"下拉菜单中的"楼梯(按构件)",在"构件"面板中选择"梯段",当绘制多段"直线"或者"弧线"梯段时,可以选择自动创建平台连接这些梯段,见图 2-151。

➤ 草图绘制

如果在构件面板中选择"草图绘制",将进入梯段、平台的草图绘制模式,见图 2-152。

图 2-150

图 2-151

图 2-152

（2）楼梯组成部件

在 Revit® 楼梯按构件创建过程中，将梯段、平台、支撑构件作为楼梯的装配部件进行了拆分，用户可以灵活的进行各种组装，从而满足最终的需要。其中，各个装配部件的具体说明如下，并且见图 2-153。

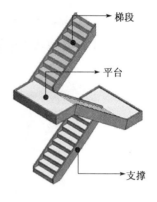

➤ 梯段：直梯、螺旋梯段、U 形梯段（主要用于 U 形转角楼梯的创建）、L 形梯段（主要用于 L 形转角楼梯的创建）、自定义绘制的梯段。

➤ 平台：三种创建方式：在梯段之间自动创建；通过拾取两个梯段进行创建和自定义绘制。

➤ 支撑（侧边和中心）：两种创建方式：随梯段的生成自动创建和拾取梯段或者平台边缘创建。

图 2-153

➤ 栏杆扶手：在创建期间自动生成，或者稍后通过选择楼梯主体进行放置。

（3）楼梯类型介绍

➤ 组合楼梯：其梯段的踢面和踏面、平台以及支撑可以选用不同的材质与造型，多用于有特殊景观和造型要求的楼梯，见图 2-154。

➤ 现场浇筑楼梯：其平台、梯段都使用混凝土材质，支撑体系采用混凝土边梁造型，用于混凝土现场浇筑楼梯，见图 2-155。

图 2-154

图 2-155

图 2-156

➤ 预制楼梯：其平台与梯段之间采用装配式连接方式，一般使用混凝土材质，用于装配式楼梯，见图 2-156。

2．大堂组合楼梯绘制

（1）应用自动模式创建

① 打开 DVD 中"第二天\D2_D 组_楼梯.rvt"，切换到"1F"楼层平面，D 组人员将开始绘制从一层到二层的大堂组合楼梯，见图 2-157。

② 在"D2_D 组_楼梯.rvt"的大堂楼梯的每段梯段的起始与终止的位置都

图 2-157

已经绘制了参照平面,单击功能区"建筑"→"楼梯坡道"→ 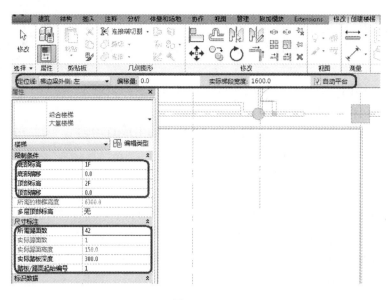"楼梯"按钮,在下拉菜单中单击"楼梯(按构件)",在激活的"修改|创建楼梯"中单击 "直线段梯段",同时在属性对话框中选择楼梯类型为"组合楼梯:大堂楼梯",其他属性参数设置和选项栏参数设置见图2-158。

图 2-158

在属性对话框中通过设置"底部标高"和"顶部标高"来确定楼梯的起始和终止高度,通过调整"所需踢面数"至"42",从而可以调整"实际踢面高度"为150 mm,同时调整"实际踢面深度"为300 mm,另外在工作集中选择"工作集-地下及一层平面"。

在选项栏中设置定位线为"楼边梁外部:左",此时楼梯绘制的定位线将在楼梯的最左侧,将"实际梯段宽度"设置为"1 600 mm"从而确定楼梯的梯段宽度。确保"自动平台"被勾选。这时,创建楼梯梯段时,平台将自动生成。

单击"修改|创建楼梯"→"栏杆扶手"按钮,设置见图2-159,D组也可以将栏杆扶手设置为"无",当楼梯绘制完成后,再进行添加。

图 2-159

③ 在绘图区域点击第一段梯段的起始位置,再将鼠标移至梯段的终止位置,这时将出现提示"创建了18个踢面,剩余24个",同时梯段的长度也将自动标识,帮助D组确认梯段的长度,见图2-160。点击梯段的终止位置,完成第一段梯段的绘制。

④ 在绘图区中绘制第二段梯段,此时连接两个梯段的平台将被自动创建,按照类似步骤绘制第三段梯段,见图2-161。

⑤ 单击 ✔ ,完成大堂楼梯的绘制。

(2) 修改楼梯类型

当发现现有的"大堂楼梯"类型有些设置不符合设计需要时,可以通过调整梯段、平台和

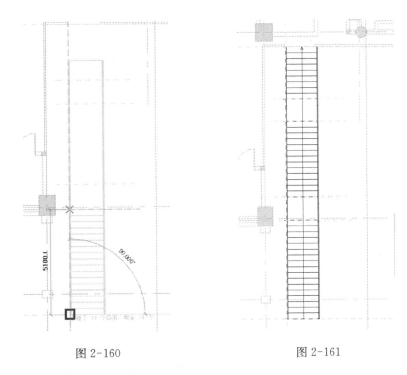

图 2-160　　　　　　　　　　　　　　　　图 2-161

支撑的类型参数来进行自定义。选择已经创建的大堂楼梯,打开"类型属性"对话框,单击
"复制",新建"大堂楼梯_修改"类型。

➤ 修改梯段

① 单击"梯段类型"右侧的类型编辑按钮,进入梯段类型属性对话框,见图 2-162。复制命名为"40 mm 踏板 10 mm 踢面"。

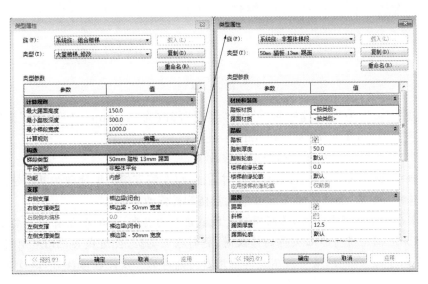

图 2-162

② 调整"踏板厚度"至"40 mm",修改"踏板材质"和"踢面材质"为"胶合板-面层",将"楼梯前缘"设置为"10 mm"。

③ 单击"确认",梯段的调整完成。

➤ 修改平台

① 单击"平台类型"右侧的类型编辑按钮,进入平台类型属性对话框,复制命名为"40 mm_厚度",将属性对话框中,"与梯段相同"的勾选框去除,进入平台自定义对话框,见图 2-163。

② 修改"踏板材质"为"胶合板-面层",将"踏板厚度"修改为"40 mm","楼梯前缘"设置为"10 mm"。

③ 单击"确认",平台的调整完成。

图 2-163

➤ 修改支撑

① 单击"右侧支撑类型"右侧的类型编辑按钮,进入支撑类型属性对话框,见图 2-164。复制命名为"梯边梁－40 mm 宽度"。

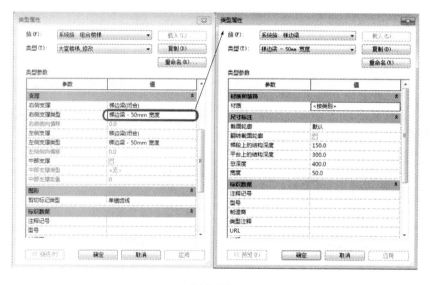

图 2-164

② 修改"材质"为"胶合板-面层",将"宽度"修改为"40 mm","总深度"设置为"500 mm","梯段上的结构深度"改为"250 mm"。

③ 单击"确认",完成右侧支撑类型的修改。

④ 回到"大堂楼梯_修改"的类型属性对话框,将左侧支撑类型修改为新创建的"梯边梁－40 mm 宽度",单击"确认",整个完整的大堂楼梯被修改了。

【提示】在修改楼梯类型时,不断通过复制创建新的类型,而不在原有的类型上做更新,原因是在多用户同时进行中心文件的修改时,更新原有类型,会造成其他用户所引用的相同类型也被更新了,这样的结果可能不是其他用户所期待的。因此在修改时,通过复制创建新的类型,可以避免影响他人的工作。

(3) 自定义楼梯平面表达

由于自动产生的楼梯上下标记为向下标记,见图 2-165,不符合出图要求,因此需要自定义楼梯平面的相关表达。

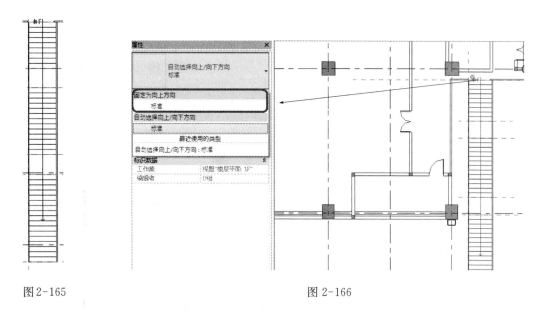

图 2-165 图 2-166

① 选取"向下"楼梯路径,在属性对话框中修改楼梯路径的族类型,从"自动选择向上/向下方向"改为"固定为向上方向",见图 2-166。

② 打开"固定为向上方向"的类型属性对话框,去掉"绘制每个梯段"勾选框,见图 2-167,单击"确定"。

③ 最后完成的楼梯平面表达见图 2-168。

图 2-167 图 2-168

3. 核心筒现浇楼梯绘制

(1) 应用自动模式创建

① 打开 DVD 中"第二天\D2_D组_楼梯. rvt",切换到"1F"平面视图,单击"建筑"→"楼梯坡道"→"楼梯",在下拉菜单中选择"楼梯(按构件)",在"类型选择器"中选择"现场浇注楼梯:整体浇筑楼梯",选择"梯段"模式,见图 2-169。

图 2-169

② 在选项栏中设置定位线为"楼边梁外部:左",此时楼梯绘制的定位线将在楼梯的最左侧,将"实际梯段宽度"设置为"1 400 mm"从而确定楼梯的梯段宽度。确保"自动平台"被勾选。从而确保创建楼梯梯段时,平台将自动生成,见图 2-170。

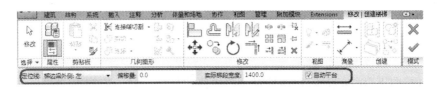

图 2-170

③ 单击"修改|创建楼梯"→"栏杆扶手"按钮,设置为"无"。

④ 在"实例参数对话框"中,将"踢面数"修改为"40",底部和顶部标高按照图 2-171 进行设置,并且在 2/3 与 1/4 轴线处按照项目文件中已经绘制的参照平面定位梯段的起点和终点,绘制第一段梯段。

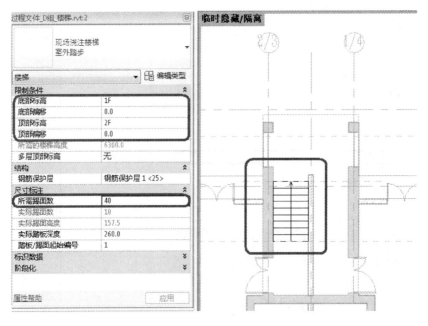

图 2-171

⑤ 继续绘制其余三段梯段,注意,在 Revit® 2014 楼梯功能中提供了在同一平面位置上绘制重叠梯段的功能,从而可以创建四跑楼梯。单击"确定"完成绘制,见图 2-172。

⑥ 创建完成的核心筒楼梯,见图 2-173。

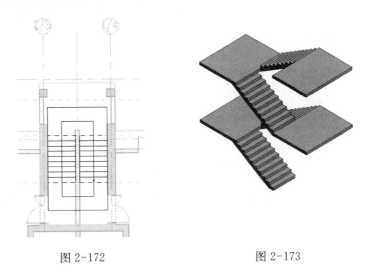

图 2-172   图 2-173

(2) 应用草图模式修改平台

① 选取已经创建的现浇楼梯,单击"修改|编辑楼梯"中 "编辑楼梯"按钮,选取单个 "G"轴线上侧自动创建的平台,单击"工具"→"转换"按钮,见图 2-174。将自动平台转换为 "基于草图"的模式,从而可以进行平台的边界修改。

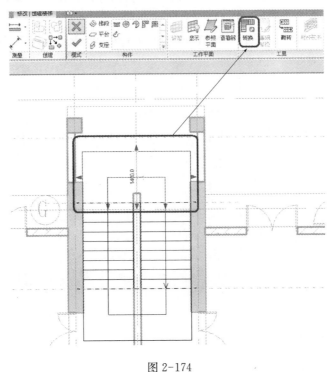

图 2-174

② 系统将显示自动平台的转换提示信息,单击"关闭"。"工具"选项板→"编辑草图"按钮被激活,单击"编辑草图",按照项目需要修改平台的边界线,见图 2-175,单击 ✔ ,结束单个平台的边界修改。

③ 选取单个"G"轴线下侧自动创建的平台,在出现的平台自动操作控件中,选择下侧拉伸控件,直接进行拖拽,直至正确的位置,见图 2-176。

图 2-175

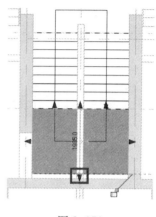

图 2-176

④ 按照类似步骤修改平面位置相同,标高较低的另两个平台,单击 ✔ ,结束全部平台的边界修改。

(3) 自定义楼梯平面表达

选取现浇楼梯,在属性对话框中,在"图形"→"剪切标记类型"中可以进行楼梯剖切线的自定义,选取"双锯齿线"类型,其设置见图 2-177。

调整"向上"和"向下"的文字位置,最后完成的楼梯平面表达见图 2-178。

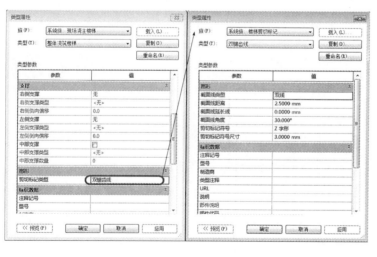

图 2-177

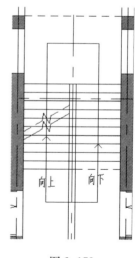

图 2-178

4. 室外台阶绘制

(1) 应用草图绘制模式创建

① 打开 DVD 中"第二天\D2_D组_楼梯. rvt",切换到"1F"楼层平面,D组人员将开始

绘制"G"轴以上的室外台阶,见图 2-179。

② 单击功能区"建筑"→"楼梯坡道"→  "楼梯"按钮,在下拉菜单中单击"楼梯(按构件)",在属性对话框中选择"现场浇筑楼梯:室外踏步",并且对于底部和顶部标高进行设置,将所需踢面设置为"7",其他相关设置见图2-180。

③ 在"梯段"绘制栏中选择"草图"模式,见图 2-181。

图 2-179   图 2-180   图 2-181

在激活的"修改|创建楼梯草图"对话框中单击"边界",我们将使用"边界"和"踢面"来创建室外台阶。以在项目文件中已经绘制的参照平面作为梯段的起始位置,在梯段两侧绘制两段边界线,特别注意:在绘制边界线的时候,其方向决定了梯段起始与结束的方向,见图 2-182。

④ 单击"踢面",使用"直线"绘制起始踢面线,见图 2-183。

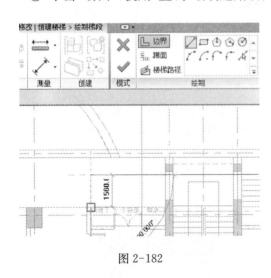

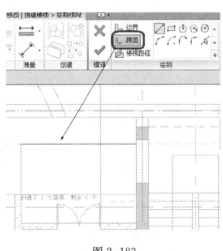

图 2-182   图 2-183

按照踢面深度"260 mm"绘制其他 6 段踢面线,完成梯段的草图绘制,见图 2-184。

⑤ 单击"构件"→"平台",在绘图栏中选择"草图绘制",见图 2-185。

在激活的平台绘图工具中选择"框选",在与室外台阶以及建筑出入口连接部位处绘制室外平台,见图 2-186,单击 ,完成平台的绘制。

单击 ✔ ,完成整个室外台阶的绘制。

⑥ 在已经创建完成的室外台阶的左右两侧绘制两段墙体,高度限制设置为从 0F 到 1F,修改墙体的轮廓,从而适应台阶下侧的轮廓,进而完成室外台阶完整的绘制。

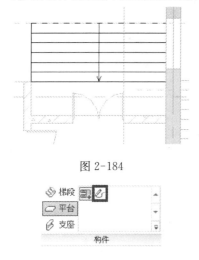

图 2-184

图 2-185

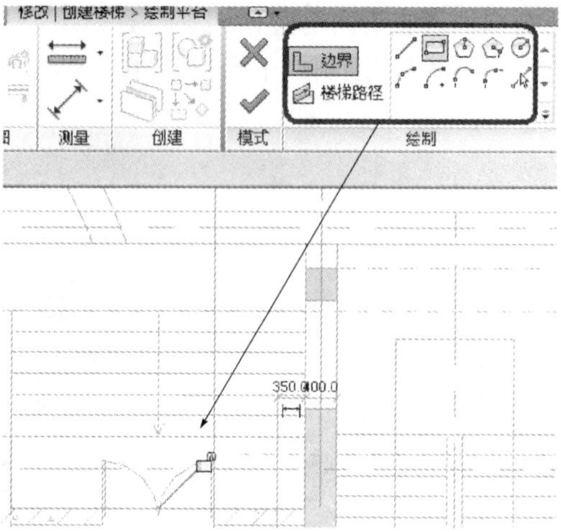

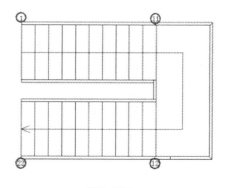

图 2-186

【功能扩展】 楼梯的一个重大功能是通过多种直接操作控件对于楼梯的布局进行调整。首先,需要注意的是在楼梯部件编辑模式下,图面会显示踢面索引号作为参考,见图 2-187。这些编号表明每个梯段的第一个和最后一个踢面的序列号。对于楼梯进行修改,尤其是在开放的梯段末端增加或者删除台阶时,需要特别注意踢面序列号的变化。

当绘制完成后,读者最常进行的操作有以下几种:

➤ 移动梯段:当梯段的位置需要进行左右或者上下调整时,可以选择一个梯段构件,出现 ✛ "移动"

图 2-187

图标后,将其拖曳到新位置。由于直接操纵杆不容易控制具体的尺寸,建议读者可以先创建参照平面,利用移动过程中自动吸附的功能,进行梯段移动的定位,见图2-188。

➤ 调整梯段宽度:当楼梯空间变化后,读者可以直接选择梯段,然后拖曳其中一个梯段边缘处的箭头形状控件至墙体边缘处,即可修改宽度。需要注意的是,平台构件的宽度也会随之改变,见图 2-189。

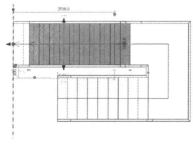

图 2-188

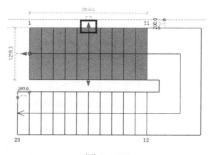

图 2-189

➢ 调整平台平面尺寸:楼梯井是最经常需要调整的部位,通过直接操纵杆可以方便进行定制化修改。具体的步骤是选择平台,然后拖曳楼梯井边缘处的箭头形状控件至合理位置,见图 2-190。

➢ 平衡梯段中的台阶:将一侧减少的台阶增加至另外一侧,使用这个功能,不会增加或者减少台阶的总数,见图 2-191。

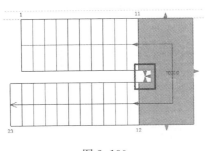

图 2-190

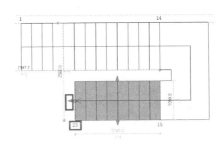

图 2-191

➢ 在开放的梯段末端添加或者删除台阶:这个功能并不常用,因为新添加的台阶会高出楼梯的顶部层高。这时,踢面索引号会表示添加的台阶数。操纵杆件为实心圆点,在此特别提醒读者注意,见图 2-192。

➢ 旋转梯段:与上文同一个操纵杆件可以控制梯段的旋转角度,见图 2-193。

➢ 调整平台高度:这是立面上一个非常重要的操纵杆件,用于快速调整平台的净空尺寸。具体步骤为:选择平台,使用"移动"工具修改平台的位置。与此同时,梯段之间的台阶也将相应发生调整,见图 2-194。

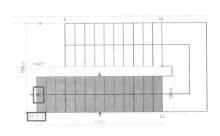

图 2-192

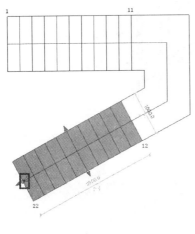

图 2-193

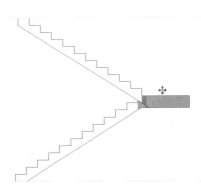

图 2-194

➢ 最后,介绍一个非常实用的小功能:向上或者向下翻转楼梯方向。在平面、立面和剖面视图中,楼梯编辑模式下,选择任意梯段,点击"翻转"按钮,见图 2-195。

翻转之后，见图 2-196。

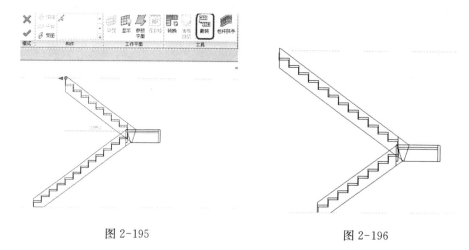

图 2-195　　　　　　　　　　　图 2-196

2.6.3　栏杆扶手

1. 栏杆扶手基本概念介绍

（1）栏杆组成部件

➢ 一个栏杆扶手类型由扶栏、扶手、栏杆、嵌板和支柱等构件组成，见图 2-197。

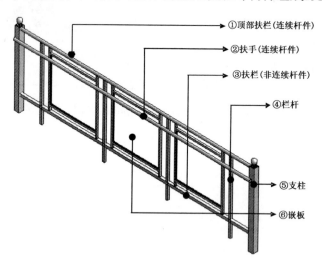

①顶部扶栏（连续杆件）

②扶手（连续杆件）

③扶栏（非连续杆件）

④栏杆

⑤支柱

⑥嵌板

图 2-197

➢ 连续扶栏由杆件、支座和终端所组成，见图 2-198。

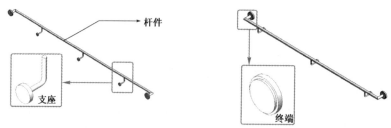

杆件

支座

终端

图 2-198

➢ 双击打开栏杆扶手类型属性对话框,按照图 2-199 理解各组成部分的编辑方式。

（2）三种创建方式

➢ 通过绘制栏杆扶手路径来创建栏杆扶手。

➢ 将栏杆扶手自动放置到现有楼梯或者坡道上。

➢ 在创建楼梯或者坡道时自动创建栏杆扶手。

在接下来的具体案例介绍中,我们将具体以三个典型栏杆扶手来介绍三种创建方式。

2. 二楼中庭玻璃栏杆扶手绘制

（1）创建:通过绘制栏杆扶手路径来创建栏杆扶手

我们需要在中庭周边绘制玻璃栏杆扶手,所在位置见图2-200中黑色点划线。

① 打开 DVD 中"第二天\D2_D 组_栏杆. rvt",切换到 2F 平面,单击"建筑"→"楼梯坡道"→"栏杆扶手",在下拉菜单中选择"绘制路径",见图 2-201。

在属性对话框中选择"玻璃嵌板_底部填充"栏杆扶手类型,参数设置见图 2-202。

在选项栏中将"偏移"设置为"40 mm",便于沿着栏杆的边缘进行绘制。并且勾选上"链",见图 2-203。

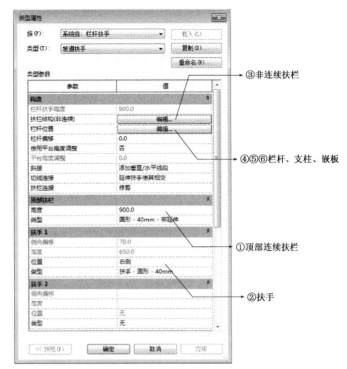

图 2-199

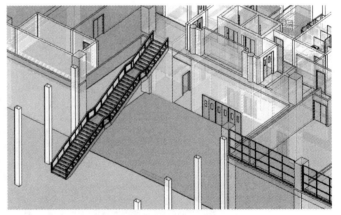

图 2-200

图 2-201　　　　图 2-202

图 2-203

② 沿着二层中庭楼板的边缘绘制,直到大堂楼梯的开口处,见图 2-204。单击"✔",确认完成部分栏杆扶手。

③ 按照类似方式,绘制右侧栏杆扶手,如果从右侧开始绘制,偏移量应该设置为"−40 mm",见图 2-205。

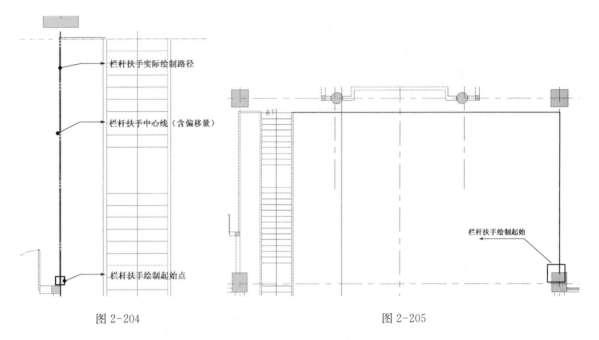

栏杆扶手实际绘制路径

栏杆扶手中心线(含偏移量)

栏杆扶手绘制起始点

栏杆扶手绘制起始

图 2-204   图 2-205

④ 最后完成的栏杆见图 2-206。

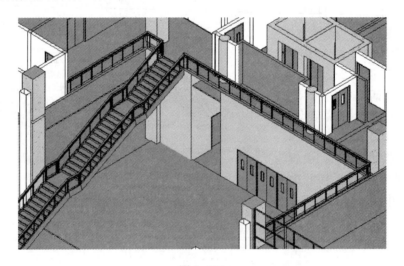

图 2-206

(2) 修改非连续扶栏和栏杆位置(栏杆、嵌板与支柱)

➢ 修改扶手栏杆类型

在办公楼项目中,需要修改"玻璃嵌板_底部填充"栏杆扶手类型,调整其材质及其他参数。

① 选择新添加的"玻璃嵌板_底部填充"栏杆扶手,单击"扶栏"(非连续)编辑按钮,打开非连续扶栏类型属性对话框,见图 2-207。

图 2-207

② 调整"扶栏 1"高度为 850 mm,修改"扶栏 1"和"扶栏 2"的"材质"为"金属-铝-白色"

③ 单击"确认",结束扶栏的修改。

④ 单击"栏杆位置"编辑器,打开"栏杆位置"属性对话框。

⑤ 在"主样式"和"对齐"组别中调整栏杆和嵌板的族样式、位置和对齐方式,在"支柱"组别中调整支柱的族样式和位置,见图 2-208。

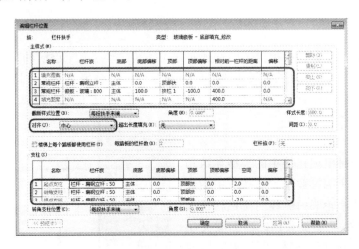

图 2-208

⑥ 单击"确认",完成栏杆位置的修改。

3. 室外无障碍坡道栏杆扶手绘制

(1) 创建:将栏杆扶手自动放置到坡道上

我们将创建如图 2-209 的坡道无障碍扶手。

① 打开 DVD 中"第二天\D2_D组_栏杆.rvt",切换到 0F 平面,单击"建筑"→"楼梯坡道"→"栏杆扶手",在下拉菜单中选择"放置在主体上"。

② 在属性对话框中选择"坡道扶手"类型,在绘图区域内选择已经建好的坡道,坡道扶手自动生成。

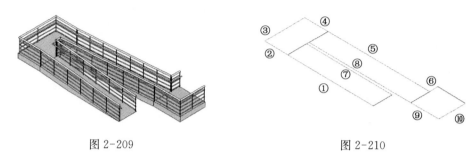

图 2-209   图 2-210

【提示】为了成功创建坡道扶手,在坡道创建过程中,必须将边界线进行分段,见图 2-210。

（2）顶部扶栏重要参数

①"延伸"样式

图 2-211   图 2-212   图 2-213

顶部扶栏和扶手设计中提供了四种延伸方式"墙"、"楼层"、"支柱"和"无"。当扶手的延伸方式选择为"楼层",并且长度设置为"300 mm",产生的结果见图 2-211。当顶部扶栏的延伸样式设置为"支柱",产生的效果见图 2-212。当顶部扶栏的延伸样式设置为"墙",产生的效果见图 2-213。

②"手间隙"参数

"手间隙"同时出现在扶手的类型参数和"支座"族构件的实例参数中。在扶手中的数值设置决定了扶手轮廓内侧相对于栏杆扶手绘制路径的偏移,见图 2-214。当加载支座后,支座将自动延伸至栏杆扶手绘制路径,同时支座这个构件族自身的实例参数"手间隙"会自动进行调整。

（3）修改连续扶栏（顶部扶栏和扶手）

连续扶栏中包括:顶部扶栏和扶手两种

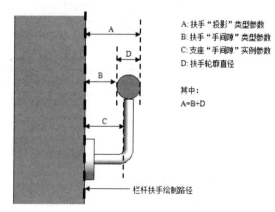

A:扶手"投影"类型参数
B:扶手"手间隙"类型参数
C:支座"手间隙"实例参数
D:扶手轮廓直径

其中:
A=B+D

栏杆扶手绘制路径

图 2-214

类型,分别以嵌套系统族的方式,作为栏杆扶手的组成部分。其编辑方式为,在项目浏览器中双击顶部扶栏和扶手类型,见图2-215。

> 扶手修改

按照中国无障碍设计中相关的扶手设计条例,进行修改。

① 在项目浏览器中双击打开"扶手-圆形－40 mm"扶手类型对话框,见图修改扶手高度:在项目浏览器"扶手类型"中选择"坡道扶手"所调用的"扶手-圆形－40 mm",双击打开属性对话框,把"高度"参数数值调整为"650 mm"。

② 调整扶手轮廓:在"轮廓"参数下拉菜单中选择"圆形扶手:40 mm"

③ 调整"手间隙":把"手间隙"参数数值调整为"50 mm"

④ 最后完成的修改见图2-216,单击"确定",结束扶手的修改。

> 顶部扶手修改

① 调整延伸:在项目浏览器"顶部扶栏类型"中选择"坡道扶手"所调用的"圆形－40 mm－带延伸",双击打开属性对话框,在起始和终止的"延伸样式"中选择"楼层","长度"选择为"300",见图2-217。

图 2-215

图 2-216

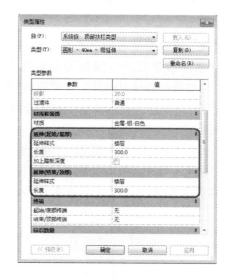

图 2-217

② 单击"确定",结束扶手的修改。

4. 楼梯栏杆扶手绘制

(1) 创建:在创建楼梯时自动创建栏杆扶手,效果见图2-218。

① 打开DVD中"第二天\D2_D组_栏杆.rvt",按照"2.5.2创建核心筒现浇楼梯"的步骤,单击"建筑"→"楼梯"→"栏杆扶手",在下拉菜单中选择"900 mm 圆管","位置"参数选

择"踏板",见图 2-219,单击"确认",创建楼梯。

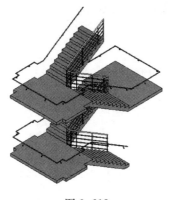

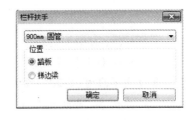

图 2-218   图 2-219

② 楼梯创建完成后,栏杆扶手自动生成。

③ 将外侧栏杆替换为靠墙栏杆扶手。在绘图区域内选择外侧栏杆扶手,在属性对话框中替换为"900 mm－靠墙扶手"。

（2）修改顶部扶手过渡件

① 过渡件类型

在楼梯梯段转折处,由于扶手顶部高度的变化,需做成一个较大的弯曲线,即所谓"扶手鹤颈"。"过渡件"参数就是为"扶手鹤颈"所设计的三种选择项,可以进行灵活应用。

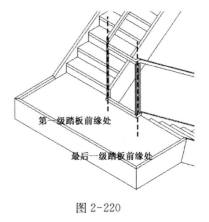

➤ "无":在一个含有楼梯平台的楼梯系统中,内侧的扶栏会在第一或者最后一级楼梯踏板前缘处结束,见图2-220。当加载在楼梯上的顶部扶栏选择"无"这个选项的时候,系统会出现警告提示:"扶手是不连续的。"如果确认这是正确的鹤颈类型,点击"确定"。

➤ "鹤颈":适用于需要紧密连接的扶栏,见图 2-221。

图 2-220

➤ "普通":当在转折处的扶手顶部高度差距小于楼梯台阶的踢面高度时,并且扶手轮廓为圆形时,对于两段扶手进行简单的连接,见图2-222。

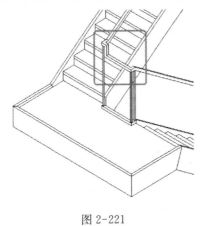

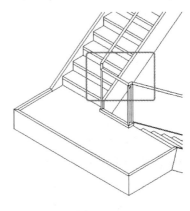

图 2-221   图 2-222

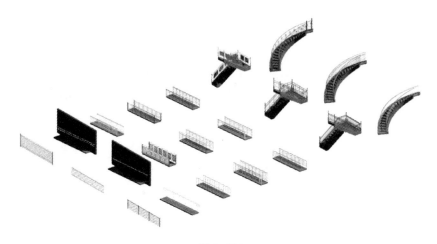

图 2-223

② 修改内侧楼梯栏杆扶手的"过渡件"类型：在项目浏览器中选择"顶部扶栏：圆形—40 mm"，双击打开属性对话框，在"过渡件"下拉菜单中选择"普通"，单击"确定"。

【提示】在 Revit® 自带的族库中"样例\栏杆扶手.rvt"中提供了大量适合中国建筑师使用的栏杆扶手类型，读者可以直接调用，见图 2-223。

2.6.4 深化卫生间

1. 卫生间隔墙布置

卫生间的隔墙绘制请参考"2.3.2 墙"。当男女卫生间都需要被计入同一个"卫生间 1"时，见图 2-224，需要将隔墙的实例参数"房间边界"去掉勾选。

图 2-224

2. 载入卫生洁具族

（1）方案阶段

在方案阶段，D 组人员可以选用二维卫生器具族，进行简单的平面布置。在 Revit® 提供的中国族库卫浴装置族中，D 组人员可以在以下三个目录中找到二维卫生器具族：

➢ 卫生器具\2D\常规卫浴：其中有一些淋浴隔间、蹲便器隔间、座便器隔间可以直接调用，快速进行卫生间平面布置，见图 2-225。

➢ 卫生器具\2D\无障碍卫浴：这里提供多个可供无障碍卫生间使用的二维卫浴装置

族,见图 2-226。

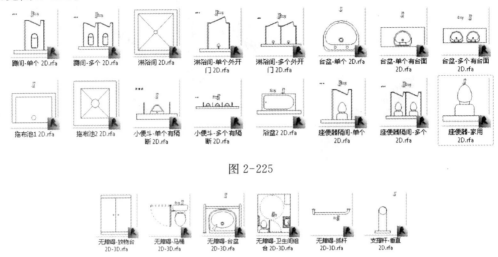

图 2-225

图 2-226

> 样例\盥洗室和厨房.rvt:这个文件中提供了大量已经拼装完成的符合中国图集规范的二维卫生间平面,D 组人员可以快速选择用于实际项目中,见图 2-227。

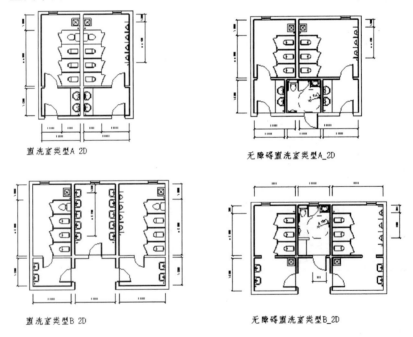

图 2-227

（2）扩初和施工图阶段

在扩初和施工图阶段,D 组人员需要和给排水工程师紧密合作,在建筑师加载的三维卫浴装置族的基础上增加连接件功能,这样可以避免建筑与给排水工程师重复工作。D 组人员可以参考 DVD 中"项目最终文件\建筑中心文件.rvt"中 2F 至 9F 卫生间中所加载的卫浴装置族,可以发现这些族已经添加了连接件,给排水工程师链接建筑文件之后,可以直接运用"复制/监视"功能来复制这些族,并且直接连接管道。同样在 Revit® 提供的中国族库中有大量三维卫浴装置族可供 D 组人员选择。

➢ 卫生器具\3D\常规卫浴。

➢ 卫生器具\3D\无障碍卫浴。

➢ 样例\盥洗室和厨房.rvt:三维拼装的盥洗室,见图 2-228。

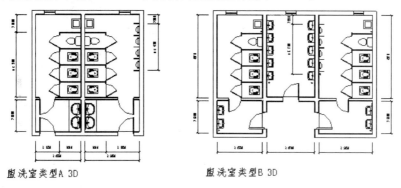

盥洗室类型A 3D 盥洗室类型B 3D

图 2-228

3. 卫生间平面布置

① 打开 DVD 中"项目最终文件\建筑中心文件.rvt",切换到"1F-标注"楼层平面,选择"项目浏览器"→"族"→"常规模型"→"厕所隔断 1-3D"中选择"中间或靠墙(150 高地台)",拖曳至所有需要绘制隔间的位置,同时在类型选择框中选择"末端(150 高地台)"类型,隔间的大小可以通过拖拽操纵控件进行调整,最后布置完成的隔间,见图 2-229。

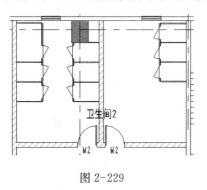

图 2-229

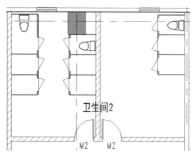

图 2-230

② 单击"建筑"→"构建"→"构件"下拉菜单中选择 "放置构件",在类型选择器中选择"座便器 1 3D",通过空格键调整座便器的方向,放置在合适的位置,这是另一种加载卫浴装置族的方式。当然 D 组人员也可以通过从项目浏览器中直接拖拽的方式,放置完成后的座便器见图 2-230。

③ 单击"建筑"→"构建"→"构件"下拉菜单中选择 "放置构件",在类型选择器中选择"蹲式座便器",在放置位置上选择"放置在面上",见图 2-231。

最后布置完成的蹲便器见图 2-232。

图 2-231

④ 单击"建筑"→"构建"→"构件"下拉菜单中选择◻️"放置构件",在类型选择器中选择"小便斗 3D",选择隔墙进行放置,见图 2-233。

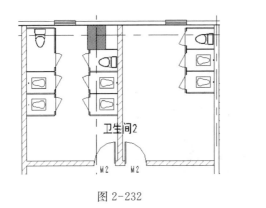 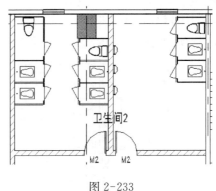

图 2-232　　　　　　　　　　　　　　图 2-233

⑤ 单击"建筑"→"构建"→"构件"下拉菜单中选择◻️"放置构件",在类型选择器中选择"隔断",复制现有类型,重命名为"20×600×1 300 mm",并且调整"隔断长度"为 600,"隔断高度"为 1 300,放置在小便斗前侧。

⑥ 单击"建筑"→"构建"→"构件"下拉菜单中选择◻️"放置构件",在类型选择器中选择"台盆-多个 3D",选择"台式洗脸盆",将实例参数"洗面器数量"改为"3",通过空格键选择合适的方向,放置在合适的位置上,最后完成的效果见图 2-234。

【提示】如图 2-235 所示:需要创建部分完全对称的卫生洁具时,不能使用镜像功能,因为所载入的卫浴装置族已经加载了连接件功能,这些连接件并不是镜像对称的,例如洗脸盆的冷水管必须连接在右手侧,如果选用镜像对称,原有的右手侧冷水管连接件会被改变为左侧,因此必须使用复制,旋转 180°的方法进行绘制。

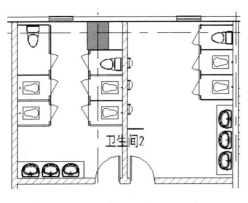 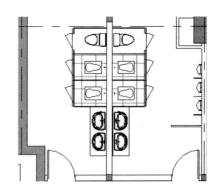

图 2-234　　　　　　　　　　　　　　图 2-235

第3天 创 建 族

族是组成项目的构件也是参数信息的载体,在 Revit® 中进行的建筑设计不可避免的要调用、修改或者新建族,所以熟练掌握族的创建和使用是有效运用Revit® 的关键。

在第三天中,我们分别选择一个二维的洞口标记族和一个三维的雨篷族代表性地介绍族的创建和应用,旨在让大家对族有个初步的认识和了解,如果需要学习更加全面的族的知识,建议选购 Autodesk® Revit®官方系列之《Autodesk®Revit® 2013 族达人速成》。

3.1 3D:雨篷

3.1.1 创建目标

图 3-1 可见雨篷的最终创建效果,它由一块玻璃面板和一根护顶结构和两个嵌套族(梁和预埋件)组合而成。

3.1.2 创建流程

明确了创建目标,族的创建流程梳理如下:

1. 选择族样板并定义原点

图 3-1

插入点位置,见图 3-2。平面上,应位于雨篷靠墙一侧的中心。立面上,设置"安装高度",应位于底平面中心。

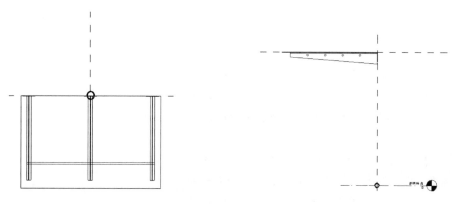

图 3-2

2. 三维建模

分别在主体族中使用"拉伸"的方式创建玻璃面板和护顶结构,然后单独分别创建梁和预埋件作为嵌套族载入主体族,每个组成部分的建模方式见图 3-3。

3．参数的设置和关联

设置"长度"、"材质"类型的相关参数并与模型或参照平面关联。

4．定制平、立、剖面表达

通过自定义二维图纸表达，简化平、立、面的三维模型表达。雨篷的所有几何模型均不在平面上显示，而用二维图元"遮罩区域"代替。

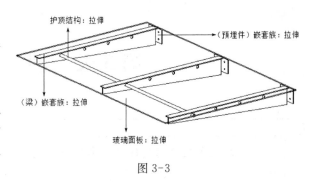

图 3-3

3.1.3　创建步骤

① 选择族样板并定义原点

单击 Autodesk® Revit® 2014 界面左上角的 "应用程序"按钮→"新建"→"族"，选择"公制常规模型.rft"族样板。单击绘图区域中的系统默认的两个参照平面，在"属性"对话框的"其他"列表中，保证"定义原点"被勾选，这两个参照平面的交点就会作为族的插入点/原点。

② 绘制相关参照平面并标注尺寸

在"参照标高"平面视图中，单击功能区中"创建"→"基准"→"参照平面"，在绘图区域中添加新的参照平面。然后，单击"注释"→"尺寸标注"→ "对齐尺寸标注"，选取两侧参照平面，进行尺寸标注，见图 3-4。

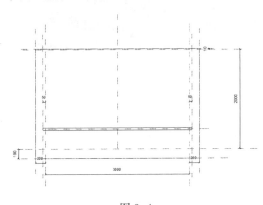

图 3-4

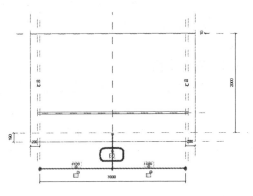

图 3-5

继续使用"对齐尺寸标注"，依次选择长度 3 000 左侧参照平面→参照平面"中心（左/右）"→长度 3 000 右侧参照平面，并单击标注上出现的"EQ"字样，见图 3-5。

【提示】EQ 符号表示应用于尺寸标注参照的相等限制条件，参照之间会保持相等的距离。如果一侧参照移动，则另一侧参照也将随之移动一段固定的距离。

切换至"视图"→"立面（立面1）"→"右"视图，继续添加新的参考平面并添加标注，具体尺寸见图 3-6。

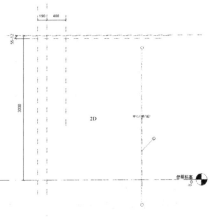

图 3-6

③ 创建玻璃面板几何形体

单击功能区中的"创建"→"形状"→"拉伸",在"修改 I 创建拉伸"选项卡上单击"绘制"→□"矩形"按钮,以相应的参照平面为边界绘制一个长 3 400 宽 2 000 的矩形轮廓,将矩形边界与参照平面对齐并锁定,见图 3-7。单击"模式"面板上的 ✔ 按钮"完成编辑模式"。

切换至"视图"→"立面"→"右"视图,将其顶面上下边界与参照平面对齐并锁定,见图3-8。

④ 创建护顶结构几何形体

在"右视图"中,同样使用"拉伸"功能,单击"绘制"面板上的" ⊙ 圆形"按钮,在选项栏的选中"半径"并设置(半径)值为 20,然后以在绘图区中绘制一个圆形,见图 3-9。

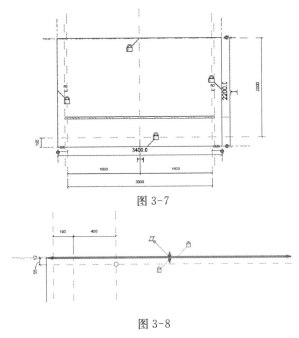

图 3-7

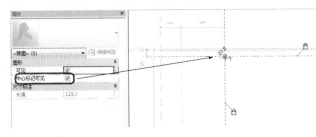

图 3-8

选中绘制的圆形,勾选"属性"→"中心标记可见",再将显示出来的中心标记即圆心与参照平面对齐并锁定,见图 3-10。单击"模式"面板上的 ✔ 按钮"完成编辑模式"。

图 3-9

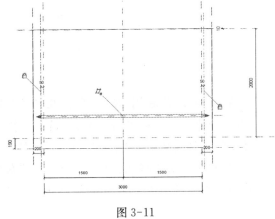

图 3-10

切换至"视图"→"立面"→"右"视图,将其左右边界与相应参照平面对齐并锁定,见图 3-11。

⑤ 新建族类型和设置基本族参数

单击功能区中"创建"→"属性"→"族类型",打开族类型对话框。单击右侧"族类型"中的"新建"按钮,在"名称"对话框中输入"标准",作为族类型的名称,单击"确定",见图 3-12。

同样在"族类型"对话框,单击右侧的"参数"中的"添加"按钮,打开"参数类型"对话框,在"参数数据"中将名称设为"护顶宽度"并确认其参数类型是"长度",参数类

图 3-11

型为"类型",单击"确定",见图 3-13。

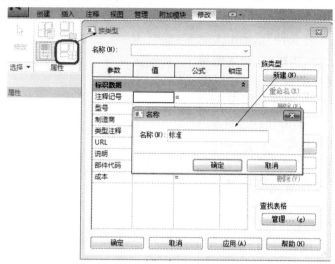

图 3-12

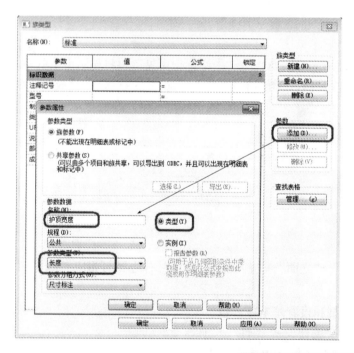

图 3-13

然后在其参数"值"中输入 3 000,见图 3-14。

继续创建一个材质参数。参数名称为"护顶板材质"并设置其参数类型为"材质",同时为"类型"参数。然后设置材质的属性值,单击"<按类型>"右侧打开"材质浏览器",选择"玻璃"作为护顶板的材质,见图 3-15。

图 3-14

图 3-15

按以上方法创建如下族参数，见表 3-1。

表 3-1 族参数列表

参数名称	值	公式	参数类型	参数分组方式	类型/实例
护顶结构材质	钢		材质	材质和装饰	类型
护顶面材质	玻璃		材质	材质和装饰	类型
放置高度	3 000		长度	尺寸标注	实例
护顶宽度	3 000		长度	尺寸标注	类型
护顶悬挑长度	2 000		长度	尺寸标注	类型
边界悬挑长度	190		长度	尺寸标注	类型
R1	10		长度	其他	类型
L1	400	护顶悬挑长度/5	长度	其他	类型
预埋件厚度	10		长度	其他	类型
预埋件长度	300		长度	其他	类型
预埋件高度	200		长度	其他	类型
梁宽度	100		长度	其他	类型
梁厚度	10		长度	其他	类型

⑥ 关联参数

尺寸关联。在"参照标高"平面视图中，选取尺寸标注 3 000，在激活的选项卡"标签"栏中选取"护顶宽度"参数，见图 3-16。

按此方法并参照 DVD 中的族"第二天\3D\雨篷. rfa"将参数与尺寸都关联起来，见图 3-17。

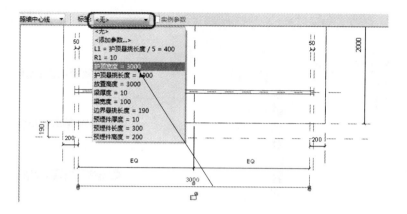

图 3-16

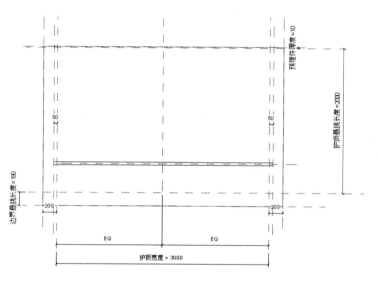

图 3-17

材质关联。在"参照标高"平面视图中,选中雨篷的护顶结构,在"属性"对话框中单击"材质和装饰"→"材质"右侧的"关联族参数"按钮,在"关联族参数"对话框中选择"护顶结构材质",单击"确定"。同样的方法,为雨篷的玻璃顶板附材质。见图 3-18。

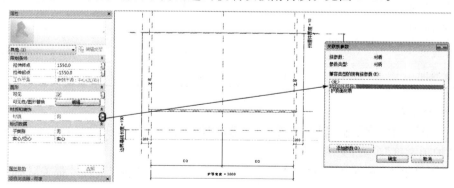

图 3-18

⑦　创建嵌套族：梁

选择族样板并定义原点。此步骤具体操作类似玻璃面板，同样选择"公制常规模型. rft"，原点设置见图 3-19。

"梁"的几何形体的创建同样使用"实体"拉伸功能，在此不再详述。以下简单介绍梁的四个空心圆孔的绘制。打开"右"立面视图，单击功能区中的"创建"→"空心形状"→"空心拉伸"，在"修改 I 创建拉伸"选项卡上单击"绘制"→⌒"圆形"按钮，在相应位置连续绘制四个半径为 20 的圆形轮廓并与相关参照平面锁定，见图 3-20。

单击"✔"完成创建。图 3-21 可见梁被自动剪切。

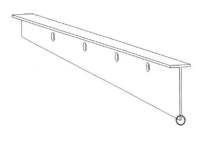

图 3-19

图 3-20

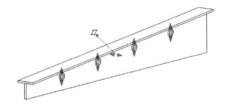

图 3-21

图 3-22

其他在创建该嵌套族中用到的尺寸信息和参数，请参考 DVD 中的"第三天\3D\梁. rfa"。

【提示】以上介绍的方法可以直接创建空心模型并实现自动剪切。除此之外，也可以通过先创建实体模型再转成空心的方式，实现实体和空心的相互转换。选中实体，在"属性"对话框中将"实心"转为"空心"，见图 3-22。

但用此方法创建的空心模型并不能自动剪切实体模型，这时可以单击"修改"→"剪切"→"剪切几何图形"，先选中被剪切的实体再选中空心，就可以实现剪切了，见图 3-23。

⑧　创建嵌套族：预埋件

创建预埋件同样用实体拉伸的空心拉伸结合的方式，见图 3-24，其原点位于模型的几何中心，在此不赘述预埋件的创建过程，请参考 DVD 中的"第三天\3D\预埋件. rfa"自行创建。

图 3-23

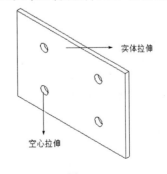

图 3-24

⑨ 将嵌套族载入到主体族中

在创建完成的"梁"的族编辑界面中,单击"修改"→"载入到项目中"将其载入"雨篷"主体族中。将其拖入打开雨篷的参照平面视图的绘图区域中并放置在相应位置,锁定其中心线及边界与相应的参照平面,见图 3-25。

切换至"右"立面视图,并将其上边界与玻璃面板底部参照平面对齐并锁定,见图 3-26。

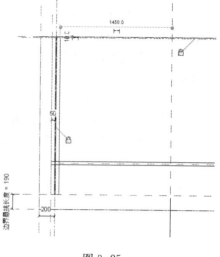

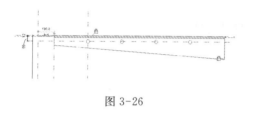

图 3-26

图 3-25

重新切换回"参照平面"视图,选中该梁,单击"修改|常规模型"选项卡中的"镜像—拾取轴"按钮,单击参照平面"中心(左/右)"做镜像复制。再次选中该梁,单击"复制"按钮,复制一个梁并将其几何中心位于"中心(左/右)"参照平面上。同样锁定这三个梁的中心线及边界和相关参照平面,见图 3-27。

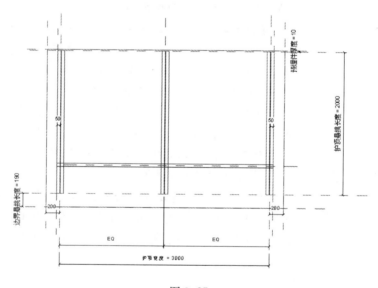

图 3-27

⑩ 嵌套族与主体族关联

单击项目浏览器"族"→"常规模型"→"梁",双击类型"梁",打开"类型属性"对话框,单击"其他"列表下"梁宽度"右侧按钮,打开"关联族参数"对话框,与参数"梁宽度"关键,见图 3-28。

同理,按照下表分别将"梁"的相关参数与"雨篷"的相关参数关联在一起,见表 3-2。

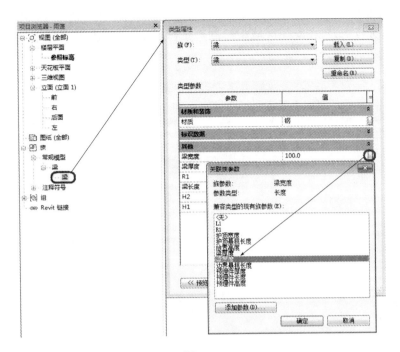

图 3-28

表 3-2

梁（嵌套族）	雨篷（主体族）
梁宽度	梁宽度
梁厚度	梁厚度
梁长度	护顶悬挑长度
材质	护顶结构材质

接下来，参照步骤 9,10 将嵌套族预埋件载入到雨篷中并进行参数关联，具体可参考
DVD 中的"第三天\3D\雨篷. rfa"。

⑪ 打开"默认三维"视图，选中玻璃面板，单击其"属性"对话框中"图形"下，"可见性/图
形替换"的"编辑"，打开"族图元可见性设置"，取消勾选"平面/天花板平面视图"，见图
3-29。同理，按此方法将其他三维几何模型都不在平面上显示。

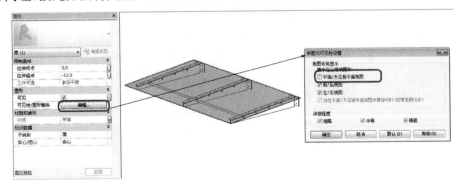

图 3-29

切换至"参照平面"视图,单击"注释"→"详图"→"遮罩区域",选择"□矩形"工具,并设置子类别为"2D(投影)",在绘图区域中绘制遮罩区域,并将其边界线与相关参照平面进行锁定,见图 3-30。

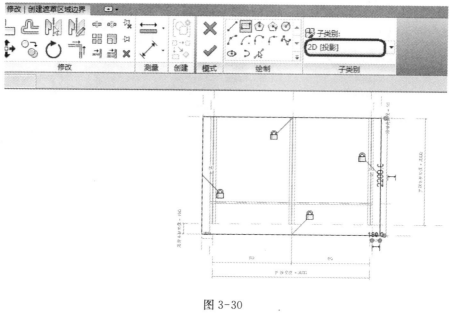

图 3-30

⑫ 子类别设置

单击功能区"管理"→"设置"→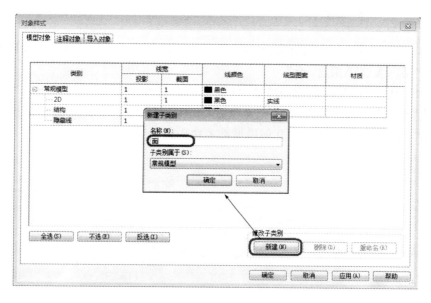"对象样式",打开"对象样式"对话框,单击"修改子类别"下"新建按钮",新建一个名称为"面"的子类别在"常规模型"下,见图 3-31。同样的方法新建另一个子类别"结构"。

图 3-31

然后,在绘图区域中选中"护顶结构",在其"属性"对话框中的"标识数据"下将"子类别"设为"结构"。同理,选中"玻璃面板"将其"子类别"改为"面"。注意:对于嵌套族(梁、预埋件)的子类别,需要在嵌套族中新建子类别并做设置,这样加载到主体族中,主体族会自动继承嵌套族的子类别设置。见图 3-32。

图 3-32

⑬ 保存

为便于根据缩略图快速搜索族,保存前切换至三维"上-前-后"视图,"1:20"显示比例,"着色"显示模式,"中等"精细程度。然后,单击"应用程序菜单"→"保存为"→"族",保存族文件,命名为"雨篷.rfa",单击"确定"。雨篷族的创建就完成了。

【提示】为了减小族的文件量,保存前可以单击功能区中"管理"→"设置"→"清除未使用项",选取需要清除的项目,单击确定。

⑭ 项目中的应用

打开 1F 平面视图,在"项目浏览器"中选中"常规模型—雨篷",直接拖到绘图区域楼层平面上的相应位置,最终添加效果见图 3-33。

3.2　2D:洞口标记

3.2.1　创建构思

在施工图绘制中,需要标记大量墙体留洞的尺寸,其洞口的宽度、高度和洞底标高如果手动输入的话,不仅花费大量时间,同时在洞口尺寸调整之后,可能无法及时更新,造成施工图的错误。这类错误可以通过创建墙洞和墙体留洞标记的方法,充分利用 Revit® 的参数化优势,进行联动更新,从而达到图 3-34 的效果。我们使用窗模板来创建墙洞,用窗标记模板来创建墙体留洞标记,这样可以通过标记族的参数联动功能将墙洞的高度、宽度和底标高等信息自动读取出来。以下将具体介绍墙洞和墙体留洞标记的创建方法。

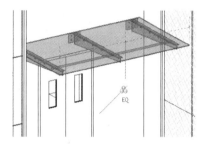

图 3-33

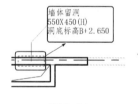

图 3-34

3.2.2　创建墙体留洞

① 单击下拉菜单中"新建"→"族",在族模板中选择"公制窗.rft",创建一个新的窗族。

② 切换至"参照平面"楼层平面视图,单击"管理"→"其他设置"→下拉菜单中选择"线型图案",新建"划线-洞口"线型,作为墙体留洞平面表达的线型,见图 3-35。

③ 单击"管理"→"对象样式",在"窗"类别下新建对象样式"洞口平面",将线型图案设置为新建的"划线-洞口",见图 3-36。

图 3-35

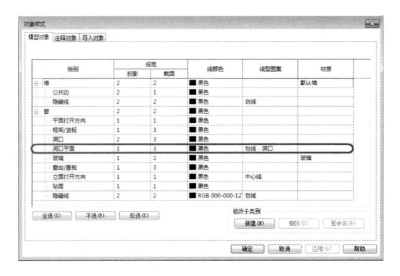

图 3-36

④ 切换到"参照标高"楼层平面视图,单击"注释"→"详图"→🖉"符号线",在属性对话框中按照图 3-37 进行设置。

⑤ 在楼层平面视图的绘图区域内,按照图 3-38 进行绘制。

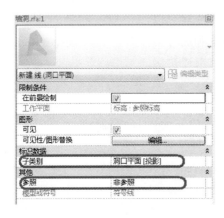

图 3-37

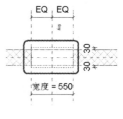

图 3-38

⑥ 单击"属性"→"类型属性"对话框,新建三个族类型,见图 3-39。

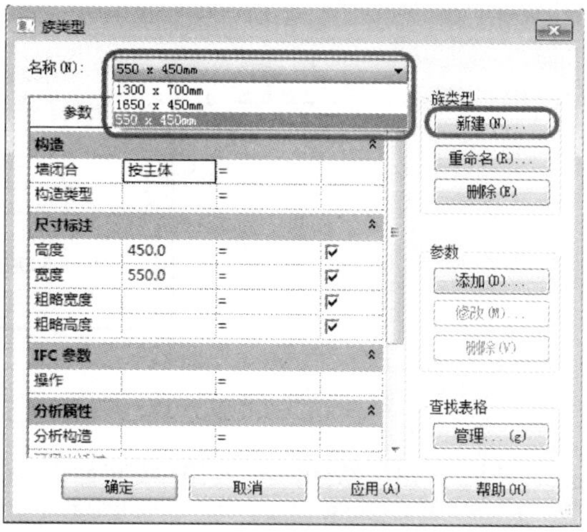

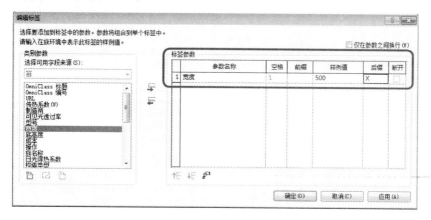

图 3-39

⑦ 完成后,保存为"墙洞.rfa"文件。D 组人员可以在 DVD 中"族\标记\墙洞.rfa"中找到相应的文件。

3.3.3 创建墙体留洞标记

① 单击 下拉菜单中"新建"→"族",在族模板中选择"公制窗标记.rft",创建一个新的窗标记族。

② 单击"创建"→"文字"→"文字",在绘图区域内框选合适的位置,输入"墙体留洞"。

③ 单击"创建"→"文字"→"标签",在绘图区域中单击鼠标左键,激活"编辑标签"对话框。

④ 在"编辑标签"对话框中,在左侧"类型参数"中。列举了一个窗族可能被标记的所有类型参数。可以通过选择合适的参数,单击中间绿色箭头的方法添加"标签参数",或者可以双击参数名称来添加。反之,如果想移除某个已经被添加到"标签参数"栏中的参数,只需要选中此参数并且单击中间的红色箭头即可。在本例中,选择"宽度"参数,同时输入"样例值"为"500",后缀为"X",见图 3-40。

图 3-40

⑤ 按照类似步骤,添加"高度"参数,后缀设置为"(H)",样例值为"500",形成如图3-41的公式表达,用于表示洞口的宽度和高度值。

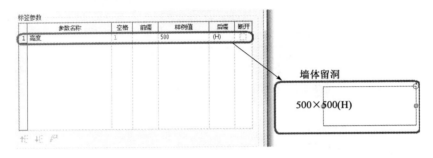

图 3-41

⑥ 运用类似的步骤,通过文字和标签的综合运用,绘制如图 3-42 所示的公式表达,其中"洞底标高 B+"为文字,添加了"底高度"参数标签。

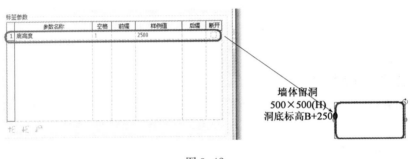

图 3-42

⑦ 将创建好的窗标记保存为"墙体留洞标记. rfa",D 组人员可以在 DVD 中"族\标记\墙体留洞标记. rfa"中找到相应的文件。

⑧ D 组人员可以在"4.2.3 标记"中找到墙洞和墙体留洞标记在项目中的应用。

第4天 施工图出图

经过前三天的实践,已经完成了关于本项目的所有模型创建部分,包括项目文件和族文件。在第四天中,我们将完成最后一项任务,就是施工图出图。其中包括如何绘制场地、平面、立面、剖面、大样图、门窗表的施工图纸,如何对图纸进行查阅校核以及布局打印等。

在 Revit® 中,施工图文档集(也称为图形集或图纸集)由多个图纸组成。每个图纸包含一个或多个用于建筑设计的图形或明细表。

4.1 场地深化——A 组

4.1.1 等高线标签

在"场地"平面视图中,给等高线进行标记,通过等高线标签可以指示其高程。

1. 标记等高线

单击功能区中"体量和场地"选项卡→"修改场地"面板→"标记等高线"按钮。然后绘制一条与一条或多条等高线相交的线,见图 4-1。此时标签将显示在等高线上,见图 4-2。

2. 修改标签线

单击等高线标签,标签线将被选定并变为可见。然后通过拖曳端点来控制调整等高线标签线,见图 4-3。也可以在地形表面上移动等高线标签线以获得不同的高程值。

3. 等高线标签类型属性

单击等高线"属性"对话框中的"编辑属性"按钮,在"类型属性"对话框中可以对等高线的颜色、文字及基面进行调整,见图 4-4。

"基面"有三种选项,分别是"项目基点"、"测量点"以及"相对"。如果"基面"值设置为"项目基点",则在

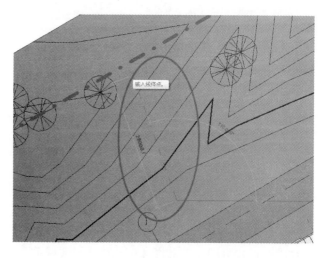

图 4-1

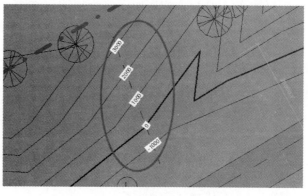

图 4-2

某一标高上报告的高程基于项目原点。如果"基面"值设置为"测量点",则报告的高程基于固定测量点。

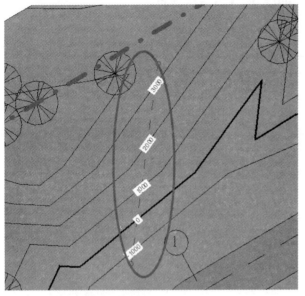

图 4-3

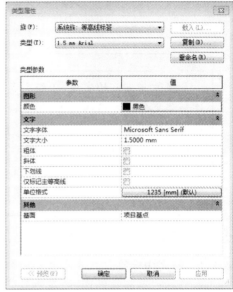

图 4-4

4.1.2 标注坐标及高程标高

在场地平面中根据实际坐标系,可以通过标注坐标的方式,为建筑红线和建筑本身进行定位。

1. 标注坐标

单击功能区中"注释"选项卡→"尺寸标注"面板→⊕"高程点坐标"按钮。在"属性"对话框中单击"编辑属性"按钮,修改当前的坐标类型,具体参数设置见图 4-5 和图 4-6。在绘图区域单击确定需要标注坐标点的位置,再次单击确定引线的位置,第三次单击确定引线水平段的位置,具体参数设置见图 4-7。

2. 标注高程标高

单击功能区中"注释"选项卡→"尺寸标注"面板→⊕"高程点"按钮。并且在选项栏上不勾选"引线"选项。然后在"属性"对话框中单击"编辑属性"按钮,复制一个新的坐标类型"三角形(项目)",具体参数设置见图 4-8。在绘图区域单击确定需要标注高程的位置,再次单击确定标高符号的方向,具体参数设置见图 4-9。

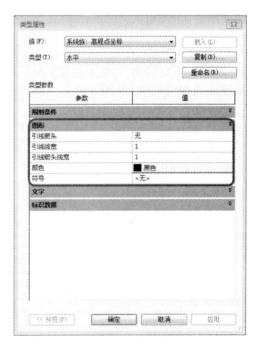

图 4-5

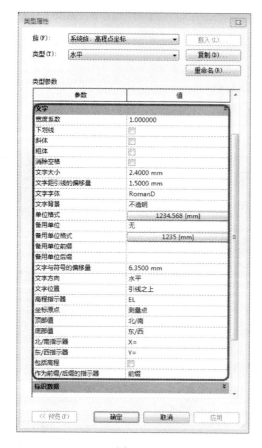

图 4-6

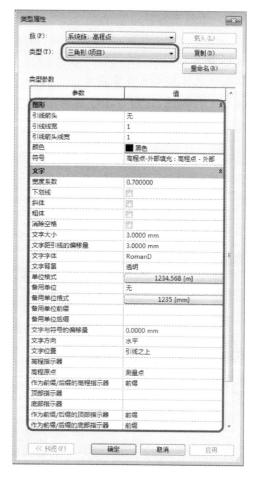

图 4-8

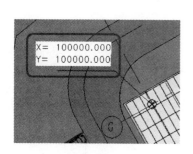

图 4-7

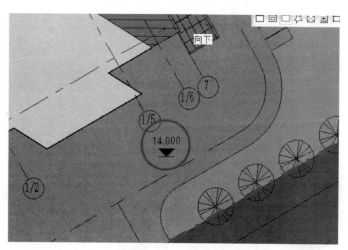

图 4-9

4.1.3　尺寸及文字标注

尺寸及文字标注,可参见"第 4 天　施工图出图"中的"4.2.2 尺寸及文字标注"部分。

4.1.4 隐藏不需要的轴线

在场地施工图纸中,对于绝大部分轴线是不用表达出来的,要做到不被显示,只有让它永久隐藏。

单击选中所要永久隐藏的轴线,然后单击鼠标右键,在菜单中单击选择"在视图中隐藏"中的"图元"选项,见图4-10。轴线就不在绘图区域显示了。用同样的方法,隐藏其余不需要显示的轴线,见图4-11。

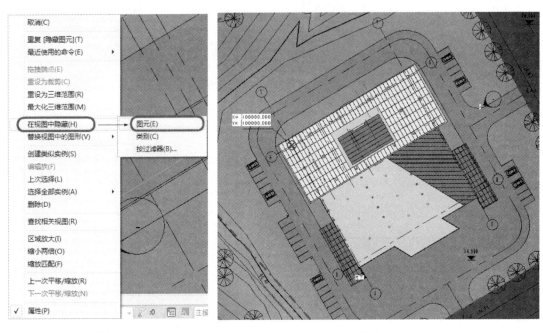

图 4-10　　　　　　　　　　　　　　　图 4-11

【提示】如果要重新显示被永久隐藏的图元,可以单击工具栏上的"显示隐藏的图元"按钮,此时在绘图区域中将显示所有被隐藏的图元,见图4-12。

图 4-12

单击选中的其中一个图元,然后单击"显示隐藏的图元"面板中的 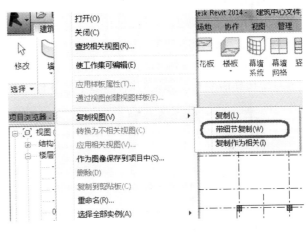 "取消隐藏图元"按钮,就可以从立刻恢复它在原绘图区域中的显示。

再次单击工具栏上的"显示隐藏的图元"按钮,将退出"显示隐藏的图元"界面。

4.2　平面深化——B组

4.2.1　创建视图

1. 新建施工图标注视图

在进行施工图阶段的图纸绘制时,建议在含有三维模型的平面视图进行复制,将二维图元:房间标注、尺寸标注、文字标注、注释等信息绘制在新的"施工图标注"平面视图中,便于进行统一性的管理。

① 打开 DVD 中"项目最终文件\建筑中心文件.rvt,切换到"5F"楼层平面视图。

② 右键单击"5F"楼层平面,单击"复制楼层"→"带细节复制",见图4-13。

图 4-13

③ 右键单击自动命名的"副本-5F",单击"重命名"命令,将新建的楼层平面重命名为为"5F-施工图标注"。

【知识扩展】

三种不同的视图复制方法:

① 带细节复制:原有视图的模型几何形体,例如:墙体、楼板、门窗等,和详图几何形体都将被复制到新视图中。其中,详图几何图形包括尺寸标注,注释、详图构件、详图线、重复详图、详图组和填充区域。

② 复制:原有视图中仅有模型几何形体会被复制。

③ 复制作为相关:通过这个命令所创建的相关视图与主视图保持同步,在一个视图中进行的修改,所有视图都会反映此变化。其最大的作用:

- 在于创建大型项目时,将视图裁剪为更小的片段,将这些片段作为相关视图,放置在相应的图纸上。当主视图发生改变时,可以迅速了解到这些片段的变化。

- 需要在多张图纸上放置一个视图,可以通过创建多个相关视图来达到这个目的。

4.2.2　尺寸标注

1. 轴线标注

在新创建的"5F-施工图标注"视图中,单击"注释"→"尺寸标注"→"对齐",依次选择相关轴线,进行标记,见图4-14。

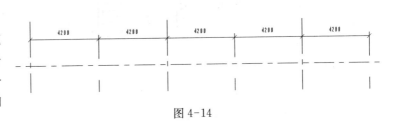

图 4-14

2. 施工图细节标注

在进行墙体上的门窗洞口的细节标注时,可以选用自动标注和手动标注模式。

➢ 自动标注

① 单击"注释"→"尺寸标注"→"对齐",在选项卡上"拾取"下拉菜单中选择"整个墙",在单击激活的"选项"按钮,在弹出的对话框中选择希望自动标注的功能,例如常用的"洞口"标注,见图 4-15。

图 4-15

② 选择需要自动标记的墙体,多个尺寸标注将会自动创建,见图 4-16。

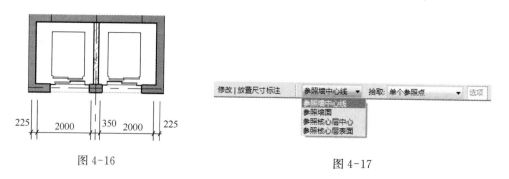

图 4-16   图 4-17

➢ 手动标注

单击"注释"→"尺寸标注"→"对齐",在选项卡上"拾取"下拉菜单中选择"单个参照点",在"参照墙中心线"下拉菜单中选择尺寸标注的参照点,有多重参照点可供选择,见图 4-17。

3. 楼梯部位的特殊标注

在"5F-施工图标注"楼层平面视图中对于楼梯间进行标注,选取楼梯梯段的标注,双击尺寸标记文字,弹出"自定义尺寸标注号"提示框后,单击"关闭",在图 4-18 出现的标注文字对话框中,选择"以文字替换",输入自定义的尺寸标注文字,单击"确定"。

4. 高程点(标高)标注

① 单击"注释"→"尺寸标注"→ ✦ "高程点",在选项卡中选择标高标注的类型,见图 4-19。

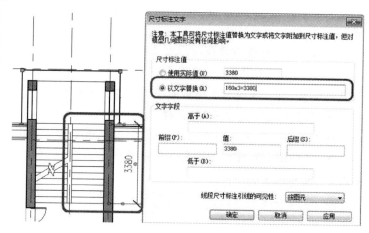

图 4-18

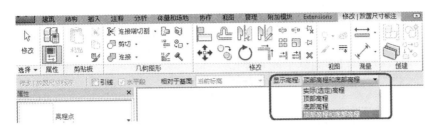

图 4-19

　　② 当需要标注楼板顶面和底面的标高时,选择"顶部高程和底部高程",在楼板区域内,选择合适的位置加载标高。

　　③ 通过鼠标的移动,确定标高的方向,最后加载完成的标高标注见图 4-20。

　　【提示】在"建筑中心文件. rvt"中已经预设了符合中国建筑出图规范的尺寸标注和标高标注类型,如果用户需要自定义,可以通过单击"注释"→"尺寸标注"下拉箭头,选择需要修改的尺寸标注与标高标注的类型,见图 4-21。

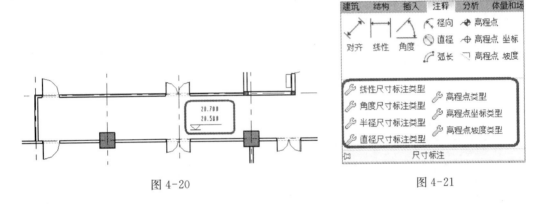

图 4-20　　　　　　　　　　　　　　　　图 4-21

4.2.3　标记

1. 概念介绍

（1）定义

"标记"是在图纸中对于不同的类别进行注释。Revit®确保了每一个类别都可以创建相对应的标记。例如:在门、窗、墙体、电梯中加入实例参数或者类型参数信息,通过"标记"可以将这些信息显示在图纸上,同时也能显示在明细表中。可以说,"标记"是真正让Revit®族信息可视化的重要工具。

（2）三种标记应用方式

➢ 按类别单个应用标记

单击"注释"→"标记"→①"按类别标记",对于单个的门窗或者其他类别的族进行标记。

➢ 按类别多个应用标记

单击"注释"→"标记"→①"多个标记",在弹出的"标记所有未标记的对象"对话框中,单选或者多选不同类别,对于所选类别的所有族进行自动标记。

➢ 在创建时应用标记

在创建"房间"和"面积"时,勾选"在放置时进行标记",在"房间"和"面积"被创建的同时,"房间标记"和"面积标记"自动被加载。

（3）载入标记族

图 4-22

Revit®项目模板中自动加载了部分标记族。单击"注释"→"标记"下拉菜单,单击"载入的标记",见图 4-22。

在"载入的标记"对话框中,可以看到那些类别的标记族已经载入了,而哪些没有。如果需要载入新的标记族,单击"载入族",见图 4-23。为了提高效率,建筑师可以在"过滤器列表"中选择"建筑",从而屏蔽掉机电和结构的标记族。

2. 房间标记

（1）确定房间边界

① 大多数情况下,Revit®系统将默认将所创建的墙体、柱作为房间的边界。切换到之前创建的"5F-施工图标注"平面视图,我们可以通过选择相关墙体,在属性对话框中,确认"房间边界"是否被勾选上,见图 4-24。

② 单击"建筑"→"房间与面积"→"房间边界",在绘图工具中选择合适的工具,在需要添加房间边界的区域进行绘制,见图 4-25。

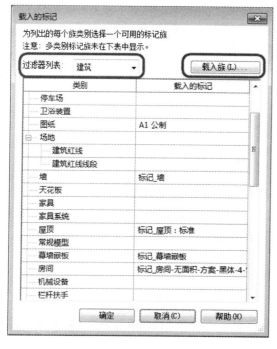

图 4-23

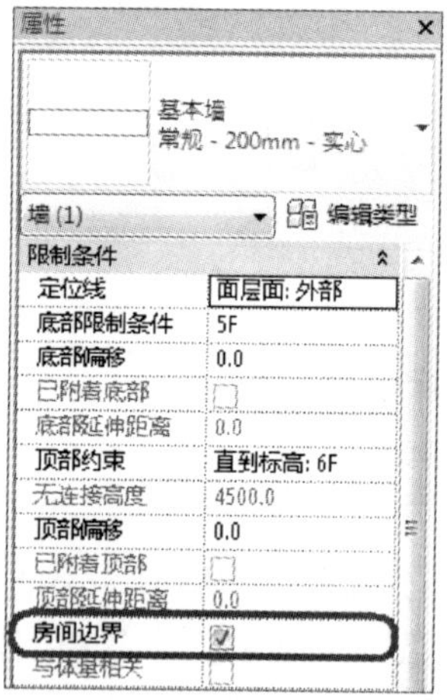

图 4-24

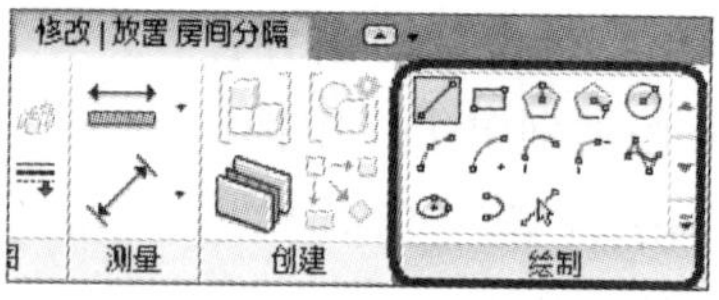

图 4-25

（2）添加房间与房间标记

① 单击"建筑"→"房间与面积"→"房间",默认选择"在放置时进行标记",在选项卡"房间"下拉菜单中选择已经创建的多种房间功能,在此选择"办公室",假如下拉菜单中没有适

合的房间功能,可以选择"新建"。在属性选项板中选择一种房间标记类型,见图4-26。在绘图区域中所高亮的房间范围内放置房间标记。

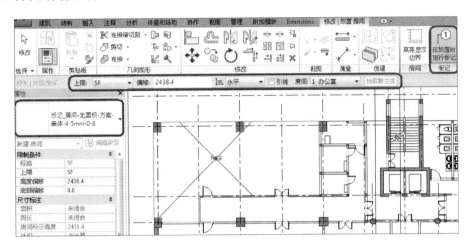

图 4-26

② 假如在"房间"下拉菜单中选择了"新建",可以房间绘制完成后,在绘图区域内选择此房间,在属性对话框中"名称"一栏中输入新的房间名称,见图4-27。

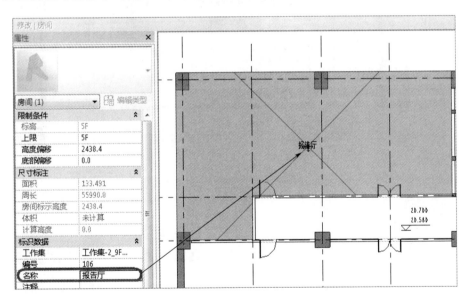

图 4-27

(3) 添加房间图例

Revit® 提供了添加房间图例的功能,在完成房间绘制之后,按照预先设定的颜色方案,自动添加房间图例。具体步骤为:

① 带细节复制"4F-施工图标注"视图,重命名为"4F-方案标注",在视图属性选项板中将"视图样板"设为"无",在"颜色方案"中选择已经创建的"方案1",见图4-28。单击"确定"。

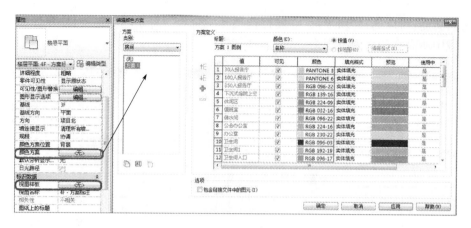

图 4-28

② 单击"注释"→"颜色填充"→▤"颜色填充图例",在绘图区域内的合适位置上进行放置。最后完成的效果见图 4-29。

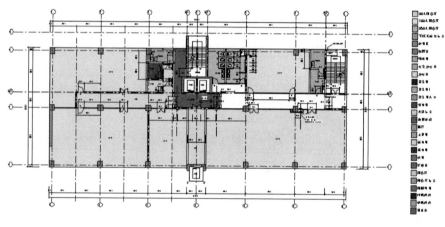

图 4-29

3. 面积标记

(1) 添加面积平面

① 在"建筑中心文件. rvt"中,右键单击项目浏览器→面积平面→43.2 m,选择删除。单击"视图"→"创建"→"平面视图"下拉菜单中选择"面积平面",见图 4-30。

② 在"新建面积平面"对话框中,"类型"下拉菜单中提供了几种常用面积类型,例如"总建筑面积","防火分区面积"、"净面积"等。在此,选择"总建筑面积"。在"为新建的视图选择一个或多个标高"中选择"RF",在此提示我们目前只有"43.2 m"这一层还未创建"总建筑面积平面",其

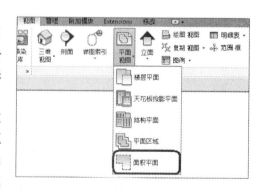

图 4-30

他各层已经创建完成。默认勾选"不复制现有视图",单击"确定",见图4-31。

③ 在弹出的"是否自动创建关联的边界边界线"的提示框中,在建筑平面复杂的情况下,可以选择"否",这时"43.2 m"总建筑面积平面将被激活。

(2)添加面积与面积标记

① 单击"建筑"→"房间与面积"→"面积边界",在绘图区域内绘制相应的面积边界线,注意边界线必须围合成封闭的区域。

② 单击"建筑"→"房间与面积"→"面积"下拉菜单中选择"面积",默认勾选"在放置时进行标记",在面积标记"名称"一栏中输入"43.2 m 面积",在已经创建面积边界中放置面积图元,见图4-32。

图 4-31

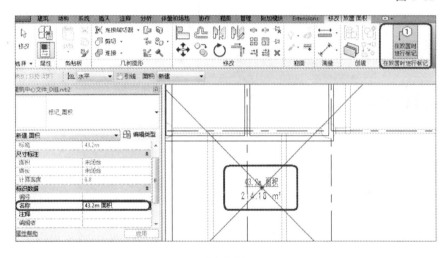

图 4-32

(3)总建筑面积明细表

创建面积平面的主要作用是为了进行各类面积统计,打开项目浏览器中"A_总建筑面积明细表",可以发现之前创建的 RF 的面积已经被更新,并且被计入总建筑面积中,见图4-33。

<A_总建筑面积明细表>		
A	**B**	**C**
名称	标高	面积(m²)
未标高		0
-2F面积	-2F	3534
-1F面积	-1F	2719
1F面积	1F	2035
2F面积	2F	877
3F面积	3F	1040
4F面积	4F	1040
5F面积	5F	1040
6F面积	6F	1040
7F面积	7F	1040
8F面积	8F	1040
9F面积	9F	1040
43.2m 面积	43.2m	214
总计: 16		16660

图 4-33

4. 门标记

（1）按类别多个应用门标记

① 切换到"5F-施工图标注"视图，单击"注释"→"标记"→①"全部标记"。

② 在弹出的"标记所有未标记的对象"对话框中选择"门标记"，见图 4-34，单击"应用"，确认所添加的门标记符合设计要求，单击"确定"。

③ 所有的门都被标记，见图 4-35。

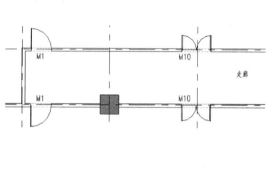

图 4-34   图 4-35

④ "门标记"代表了大量其他类别的标记方法，在此不一一列举，读者可以举一反三。

（2）修改

① 在项目中选择一个已经添加门标记的门，打开类型属性对话框，在"标识数据"下把"类型标记"修改为"JFM1"，单击"确认"。所有相关的门标记都会被更新见图 4-36。

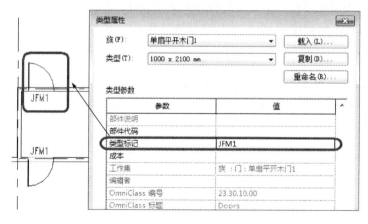

图 4-36

② 选中门标记,在选项栏中出现"引线"的添加位置等信息,可以按照出图需要进行调整,见图4-37。

5. 墙体开洞标记

在第三天的课程中,我们已经创建了特殊的窗族:"墙洞. rfa"和特殊的窗标记族:"墙体留洞标记. rfa"来满足快速标注的需要。在这里,我们将介绍两个族在项目中如何进行配合使用,读者可以参考这样的流程,进行其他方面的扩展应用。

(1)加载特殊窗族

① 将 DVD"族\标记\墙洞. rfa"加载到项目文件中,单击"建筑"→"窗",在类型选择下拉菜单中选择"墙洞",目前提供了三个墙洞类型,可以选择其中之一。在实例参数对话框中对于"底高度"和"顶高度"进行设置,这两个参数定义了墙洞底部离地距离和顶部离地距离,见图4-38。

② 默认设置的三种墙洞类型不能满足需要时,单击"编辑类型",在类型参数对话框中,单击"复制",重命名为"1 200×500 mm",同时将"宽度"和"高度"参数进行相应的修改,见图4-39。单击"确定"。

③ 在绘图区域内选择正确的位置,加载此墙洞。按照类似步骤,加载入所有墙洞。

(2)加载窗标记

① 将 DVD 中"族\标记\墙体留洞标记. rfa"加载到项目中,单击"注释"→"标记"→"全部标记",选择"窗标记":"墙体留洞标记",勾选上"引线",单击"确定",见图4-40。

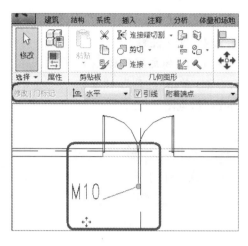

图 4-37

图 4-38

图 4-39

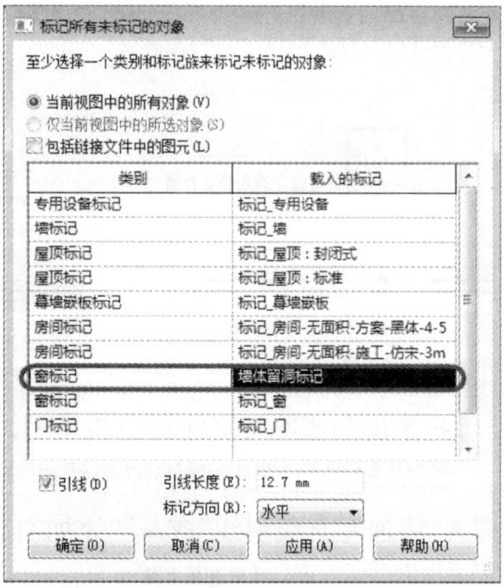

图 4-40

② 完成的标注,见图 4-41。

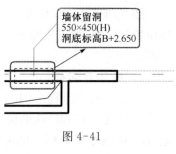

图 4-41

4.2.4 文字注释

1. 添加文字注释

① 单击"注释"→"文字"→"文字",在"格式"中做简单的设置,见图 4-42。

图 4-42

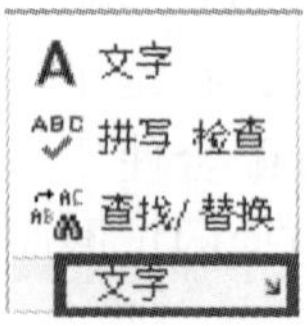

图 4-43

② 在绘图区域内放置文字框,输入文字,键盘"Enter"用于文字回车,单击绘图区其他位置,退出文字编辑。

2. 修改文字注释类型

① 单击"注释"→"文字"下拉菜单,见图 4-43。

② 在弹出的"文字"类型属性对话框中新建文字类型,修改字体、大小等参数,见图 4-44。

3. 修改文字注释

➤ 只移动文本框而不移动引线的箭头,可直接拖曳十字形控制柄。如要同时移动文字注释和引线,可在注释文本框上按下左键移动即可,见图 4-45。

➤ 调整文字注释的宽度。拖曳控制边框上蓝色控制点来调整文字注释的宽度,见图 4-46。

➤ 旋转文字注释。将光标放置在选择控制柄上来旋转注释,见图 4-47。

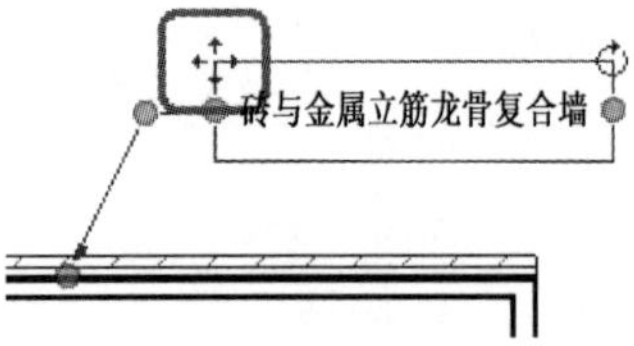

图 4-44

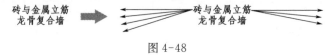

图 4-45 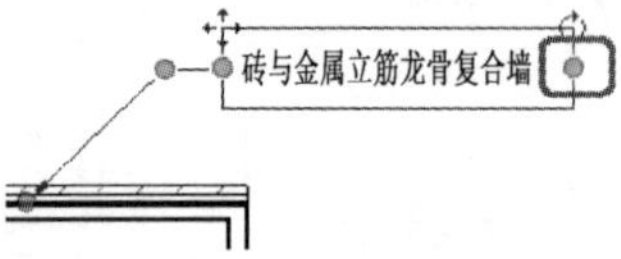   图 4-46 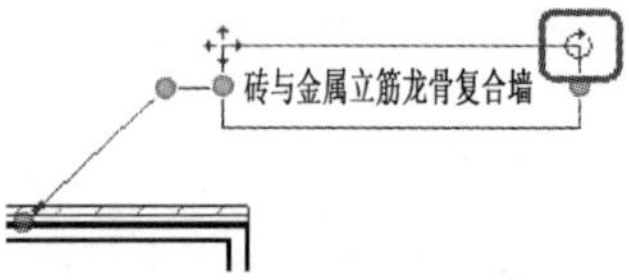   图 4-47

➤ 添加和删除文字注释引线类型。

① 添加引线:选择要添加引线的文字注释→单击"修改文字注释"选项卡→"格式"面板→➤⁺A"添加左直线引线"或A⁺"添加右直线引线",见图 4-48。

砖与金属立筋   砖与金属立筋
龙骨复合墙   ➡   龙骨复合墙

图 4-48

② 删除引线:选择要添加引线的文字注释→单击"修改文字注释"选项卡→"格式"面板→ A "删除最后一条引线"。

➤ 编辑文字。选择文字注释,单击文字即可修改文字内容。

4.3　剖面——B 组

剖面图是表现设计的一个重要手段,Revit® 中的剖面视图不需要——绘制,只需要绘制剖面线就可以自动生成,并可以根据需要任意剖切。B 组人员需要在这天中创建 A—A 剖面图和坡道剖面图并在剖面视图中进行剖面施工图设计。

4.3.1　创建 A—A 剖面

① 打开 1F 平面视图,单击"视图"→"创建"→ "剖面"。

② 将光标放置在剖面的起点处单击鼠标左键,并拖曳光标穿过模型,再次单击左键确定剖面的终点。这时将出现剖面线和裁剪区域,并且已选中它们,见图 4-49。

【提示】➤ 可通过拖曳"蓝色控制柄 "来调整裁剪区域的大小,剖面视图的深度将相应地发生变化。并且,当修改设计或移动剖面线时剖面视图也将随之改变。

➤ 如果不需要在图纸中显示剖面线,可单击"截断控制柄 "并调整剖面线段的长度来截断剖面线,截断剖面线对剖面视图中显示的其他项不会产生任何影响。要重新连接剖面线,则再次单击截断控制柄。

➤ 单击"翻转控制柄 "可调整剖切方向。

③ 在其"属性"对话框中,将"视图名称"改为"A—A 剖面",见图 4-50。

④ 双击剖面标头打开 A—A 剖面,为使在"粗略"显示模式下的剖面视图中楼板表示为"涂黑",可以选择剖面中的楼板,在其属性中设置参数"粗略比例填充样式/颜色",详见图 4-51。

⑤ 高程点标注。单击功能区中"注释"→"尺寸标注"→ "高程点",选择高程点的类型为"三角形不透明(项目)",在选项栏中取消选择"引线",然后将高程点标注放置在需要标注高程的表面上,见图 4-52。

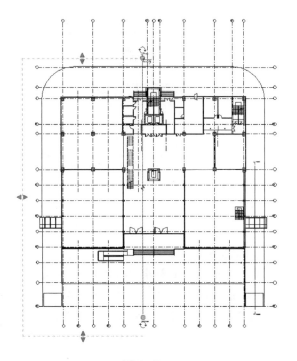

图 4-49

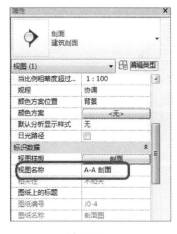

图 4-50

⑥ 添加排水箭头。先载入一个单击功能区中"注释"→"符号"→▦"符号",选择"符号_散水箭头:排水箭头",将其放置在相应的屋顶斜表面上,并修改其实例参数"排水坡度"的值为"3‰",然后旋转其角度与屋顶坡度一致,见图4-53。

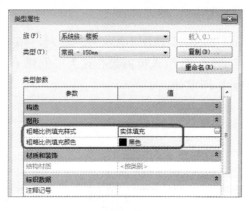

图 4-51

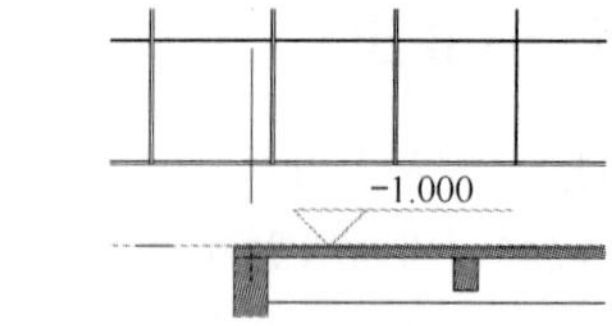

图 4-52

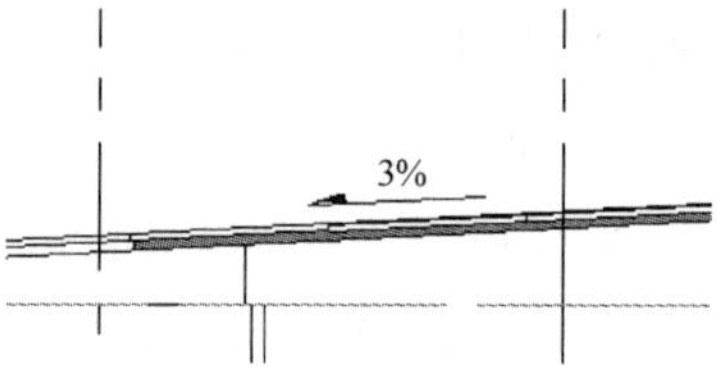

图 4-53

⑦ 其他尺寸标注。关于"尺寸标注"的详细介绍请参见"4.2.2 尺寸标注"。

【功能扩展】分段剖面

① 绘制一个剖面,或选择一个现有剖面。

② 单击功能区中"修改|视图"选项→"剖面"→▦（拆分线段）,将光标放在剖面线上并单击,见图4-54。

③ 将光标移至要移动的拆分侧,并沿着与视图方向垂直的方向移动光标,见图4-55。

④ 最后单击以放置分段。重复操作可以继续在剖面线上分段。

【提示】➤ 新的分段线上有多个"蓝色控制柄"和"截断控制柄"来调整裁剪区域的大小和剖面线的显示,见图4-56。

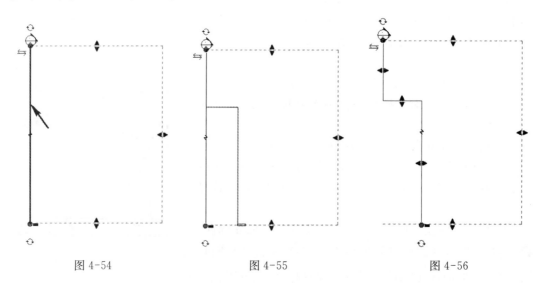

图 4-54   图 4-55   图 4-56

➤ 将各线段向其中一条线段移动并形成一条连续线就可将分段线修改为连续线。

4.4　立面深化——C 组

Revit® 2014 可以自动生成建筑立面视图，在此基础上进行尺寸标注、文字注释、编辑外立面轮廓等图元后即可完成立面出图。由于所有的图纸都将在"建筑中心文件. rvt"中进行创建，所以在玻璃幕墙与屋顶的模型绘制完成后，作为链接模型导入建筑中心文件。在 DVD 中"项目最终文件\建筑中心文件. rvt"中进一步细化立面视图，并且创建立面图纸。

4.4.1　创建视图

Revit® 中提供了创建立面视图和创建框架立面视图两种立面创建方式，见图 4-57。

其中，框架立面视图对于将结构垂直支架添加到模型中，或对于需要在辅助立面中做临时修改，要求将快速工作平面与网格或与已命名的参照平面对其的任务尤其有用。添加框架立面时，Revit® 2014 会在选定的网格或参照平面上自动设置工作平面和视图范

图 4-57

围，裁剪区域也被限制为垂直于选定网格线的相邻网格线之间的区域。

1. 创建立面视图

① 打开 DVD"项目最终文件\建筑中心文件. rvt"，单击"视图"选项卡→"创建"面板→"立面"下拉列表，选择"立面"创建立面视图。

② 从选项栏中勾选是否需要附着到轴网或参照其他视图，见图 4-58。

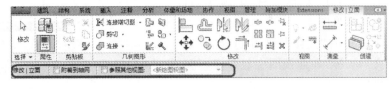

图 4-58

有以下三种方式放置立面符号：

➤ 自由放置：移动光标到要创建立面视图的位置附近，连续敲击 tab 键可以自动调整视图方向，在需要的位置单击鼠标左键放置立面符号。

➤ 附着到轴网：选项栏中勾选"附着到轴网"，移动光标到轴线附近出现灰色立面符号预览后，单击放置立面符号。

➤ 参照其他视图：从后面的下拉列表中选择现有的立面视图名称。按前述方法捕捉轴线，单击放置立面符号创建参照立面。

③ 可连续单击创建其他立面符号，或按 Esc 键结束命令。在项目浏览器中的"立面：建筑立面"或"立面：内部立面"节点下自动创建了立面视图，双击视图名称或立面符号箭头即可打开立面视图。

2. 修改立面视图

① 斜立面：框选立面符号，选项栏中单击"旋转"命令，将立面符号旋转到一个角度值，立面视图即可自动更新为斜立面。

② 立面裁剪范围：单击选择黑色立面符号箭头，显示立面裁剪范围框。用鼠标拖曳左

右蓝色圆点可以调整立面左右裁剪宽度,拖曳蓝色双三角可以调整立面裁剪深度。立面裁剪范围将决定立面视图图元的显示情况。

③ 多视图立面符号:单击立面符号的圆,勾选四角上的矩形复选框,即可创建多个立面视图,而无须放置几个立面符号。完成后立面符号如图 4-59 所示,用户可以自行调整每个立面箭头的裁剪范围,见图 4-59。

图 4-59

【提示】按住"旋转"符号移动鼠标也可以旋转立面符号创建斜立面视图,但旋转角度不能精确控制。

3. 调整视图样板

由于立面的绘制都将在中心文件中进行,因此需要关闭链接模型的注释显示。打开 DVD 中"项目最终文件\建筑中心文件. rvt",选择"南立面",由于选用了"立面演示样板",因此需要修改视图样板。

① 单击打开"立面演示样板",单击"V/G 替换 RVT 链接"编辑对话框,见图 4-60。

② 打开链接文件的显示设置对话框,在"基本"一栏中选择"自定义",见图 4-61。

③ 在"注释类别"中选择"自定义",去掉"在此视图中显示注释类别"的勾选项,见图 4-62。

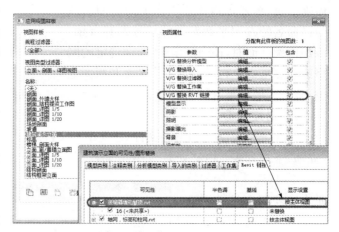

图 4-60

图 4-61

图 4-62

4.4.2 深化立面视图

1. 立面外轮廓加粗

立面视图的外轮廓需要加粗显示,可以使用"详图线"拾取外轮廓边线创建。具体操作步骤为:

① 新建外轮廓的线类型:单击"管理"→"设置"→"其他设置"→"线样式",新建子类别,命名为"立面外轮廓线",线宽设置为"8",见图 4-63。

② 单击"注释"选项卡→"详图"面板→"详图线"命令,类型选择器中选择"立面外轮廓线"线样式。

③ 沿着建筑外轮廓线进行绘制,也可以选择"拾取线"命令,移动光标单击拾取立面外轮廓边线创建新的粗线,并运用"修剪"命令,将宽线修剪为封闭轮廓,即完成立面外轮廓加粗。

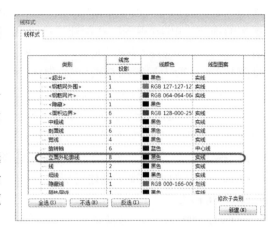

图 4-63

2. 尺寸标注

参照"4.2.2 尺寸标注"中的绘制方法,进行立面图的尺寸绘制。

3. 材质标注

① 单击"注释"→"标记"→"材质标记",见图 4-64。

② 在"南立面"中选择需要标记的铝板、玻璃等构件,进行标注,见图 4-65。

③ 如果材质标注不符合中国出图标准,单击"管理"→"设置"→"材质",选择需要修改的材质,例如"玻璃",在"标识"属性栏中对"说明"进行修改,见图 4-66。当材质说明更新后,立面中的材质注释也会被更新。

图 4-64

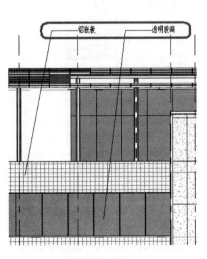

图 4-65

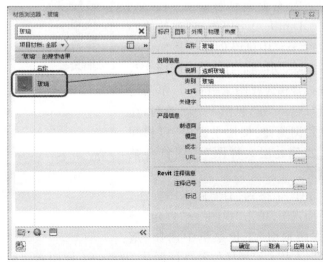

图 4-66

4.5 大样图、详图和门窗表的深化——D组

Revit®提供了绘制大样图和详图的两种工具。

➤ 大样图：通过截取平面、立面或者剖面视图中的部分区域，进行更精细的绘制，提供更多的细节。单击"视图"→"创建"→"详图索引"下拉菜单中选择"矩形"或者"草图"模式，见图4-67。选取大样图的截取区域，从而创建新的大样图视图，进行进一步的细化。

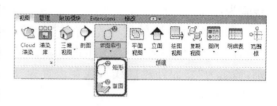

图 4-67

➤ 详图：与已经绘制的模型无关，在空白的详图视图中运用详图绘制工具进行工作。单击"视图"→"创建"→"绘制视图"，见图4-68。一个新的详图视图创建完成。

图 4-68

4.5.1 楼梯大样图

1. 创建大样图视图模板

在大样图创建中，由于出图比例、详细程度、图元的显示设置等都具有特殊性，而且同一类大样图的视图设置基本是统一的，因此非常建议D组人员在绘制大样图之前，先预设大样图视图模板，以便于统一管理。

打开DVD"项目最终文件\建筑中心文件.rvt"，切换到"楼梯间1_四到九层大样图"视图，打开"视图样板"编辑按钮，文件中已经预设了"楼梯_平面大样"视图模板，选择此样板，单击"确定"，将样板应用于当前视图，见图4-69。

2. 绘制大样图

D组人员可以先将"建筑中心文件.rvt"中已经创建的楼梯大样图删除，切换到"4F-施工图标注"，选择楼梯大样图索引符号，单击键盘"Delete"键，见图4-70。这时，在项目浏览器：楼层平面中"楼梯间1_四到九层大样图"视图将会被删除。

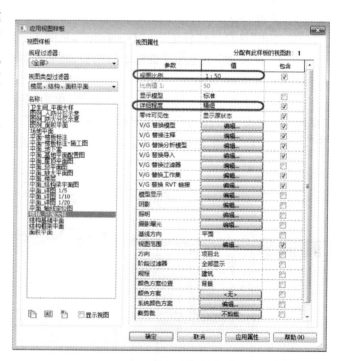

图 4-69

① 切换到"4F-施工图标注"平面视图，单击"视图"→"创建"→"详图索引"下拉菜单中选择"矩形"，在核心筒楼梯位置进行框选，调整一下详图索引标记的位置，在项目浏览器中新建了"详图索引4-施工图标注"视图。

② 在项目浏览器中,右键单击新创建的视图,重命名"详图索引4-施工图标注"为"楼梯1_四到九层大样图"。

③ 在大样图视图属性对话框中"视图样板"选择为"楼梯_平面大样",见图4-71。

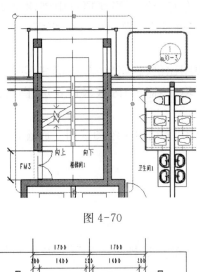

图 4-70

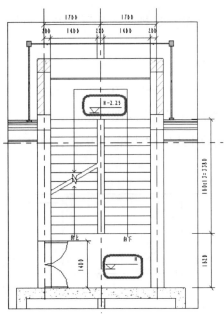

图 4-72

图 4-71

④ 在绘图区域内标注尺寸,详细步骤参见"4.2.2 尺寸标注"。

⑤ 由于绘制的是多个楼层的楼梯平面大样图,在进行标高标注的时候,需要自定义,见图4-72。因此需要创建一个新的标高族,其中标高的注释文字可以自定义,而无需自动读取楼层标高信息。在图中所使用的这个标高族其实是一个常规注释族,D组人员可以从项目浏览器→"族"→"注释符号"中找到已经加载的"标高_卫生间",将它加载进入楼梯大样图。发现它和一般的标高族不同,它可以被加载到任何位置,同时标高信息可以手动输入。

⑥ 添加文字注释:"注:H=楼层标高(16.200,20.700,25.200,29.700,34.200,38.700)",详细步骤参考"4.2.4 文字注释"。

⑦ 添加门标记,详细步骤参考"4.2.3 标记",最后的大样图完成。

4.5.2 详图

在项目创建期间,可能需要在视图中创建与模型不直接关联的详图。这时就需要用到"绘图视图",在这里可以创建与模型不关联的、视图专有的图。当在项目中创建绘图视图时,它将与项目一起保存。尽管未与模型相关联,但仍可以从浏览器中将绘图视图拖曳到图纸中。

同其他视图一样,"绘制视图"也可以按不同的视图比例(粗略、中等或精细)创建详图,并可使用详图视图中使用的全部详图工具:详图线、(填充\遮罩)区域、(重复)详图构件、隔热层、参照平面、尺寸标注、符号和文字。

注意:类似于其他视图,在项目浏览器的"绘图视图"下列出了绘图视图。放置在绘图视图中的任何详图索引必须是参照详图索引。

以下将介绍怎样在绘图视图中绘制截水沟详图。

➢ 绘制截水沟详图

① 单击功能区中"视图"→"创建"→ ![图标] "绘图视图"。

② 在"新绘图视图"对话框中,输入名称"截水沟",然后选择"1:10"作为"比例",见图4-73。

③ 单击"确定"后"绘图视图"将在绘图区域中打开。

④ 从中国族库中载入族"排水沟-剖面.rfa",单击"注释"→"详图"→ ![图标] "构件"→"详图构件",选择该族,修改其类型参数"宽度"为"360",然后将其放在绘图区相应位置。

⑤ 单击"注释"→"注释"→ ![图标] "详图线",在"修改 l 线"→"线样式"中选择"中粗线"绘制截水沟轮廓线,见图4-74。

图4-73

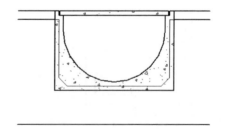

图4-74

【提示】如果默认设置的线样式或线宽不符合实际项目中出图的需要,可以单击在功能区中"管理"→"设置"→ ![图标] "线样式",在"线样式"对话框中设置线宽、线颜和线性图案,见图4-75。

如果需要调整线的具体宽度,可以单击在功能区中"管理"→"设置"→ ![图标] "线宽",在"线宽"对话框中设置,见图4-76。

⑥ 单击"注释"→"详图"→"区域"→ ![图标] "填充区域",通过"复制"新建一个"填充区域"类型,并选择"混凝土-钢砼"作为"填充样式",见图4-77。

图 4-75

图 4-76

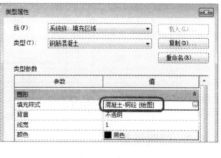

图 4-77

⑦ 接下来,选择一个线绘制工具并选择"不可见线"作为线样式,绘制截水沟周围钢筋混凝土板区域,见图 4-78。

⑧ 单击"✔"结束编辑,完成截水沟钢筋混凝土板剖面的绘制。按此方式继续添加 50 mm 厚 C20 细石混凝土的填充区域,在此不赘述,完成后效果,见图 4-79。

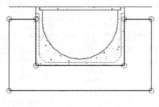

图 4-78

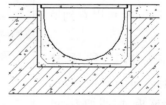

图 4-79

【提示】此截图采用了非"细线"模式,可通过单击"视图"→"图形"→ "细线",切换细线与非细线显示模式。

⑨ 单击"注释"→"尺寸标注"→✎"对齐",标注相应尺寸,见图 4-80。

⑩ 从 DVD 中载入族"族\标记\标记_多重材料标注. rfa",单击"注释"→"符号"→🔳"符号",选择族类型为"垂直下",将其添加到绘图区域。然后调整其实例参数"行编号、垂直下长度、宽度"等参数,并在文字类型参数"01,02"中输入相应的施工做法,见图 4-81。

⑪ 按此方法继续绘制,完成后的截水沟剖面,见图 4-82。

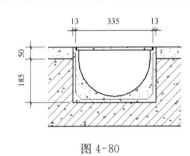

图 4-80

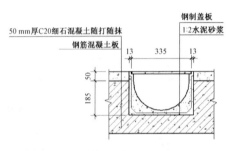

图 4-82

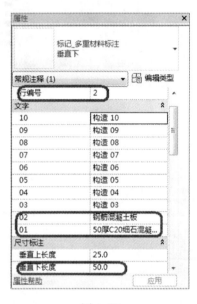

图 4-81

4.5.3 门明细表

(1) 明细表基本概念

➢ 基本定义

明细表是通过表格的方式来展现模型图元的参数信息,对于项目的任何修改,明细表都将自动更新来反映这些修改,同时还可以将明细表添加到图纸中。

➢ 分类:单击"视图"→"创建"→"明细表"下拉菜单,可以看到所有明细表类型:

① 🔲 明细表/数量:针对"建筑构件"按类别创建的明细表,例如:门、窗、幕墙嵌板、墙明细表,可以列出项目中所有用到的门窗的个数、类型等常用信息,见图 4-83。

<门明细表>				
A	B	C	D	E
标高	族与类型	宽度	高度	防火等级
1F	单扇平开木门 1: 900 x 2100 mm	900	2100	
1F	单扇平开木门 1: 900 x 2100 mm	900	2100	
1F	单扇平开木门 1: 900 x 2100 mm	900	2100	
1F	单扇平开木门 1: 1000 x 2100 mm	1000	2100	
1F	单扇防火门 1: 800 x 2400mm 乙级	800	2400	乙级
1F	单扇防火门 1: 800 x 2400mm 乙级	800	2400	乙级
1F	单扇防火门 1: 800 x 2400mm 乙级	800	2400	乙级
1F	单扇防火门 1: 800 x 2400mm 乙级	800	2400	乙级
1F	双扇平开木门 1: 1400 x 2100 mm	1400	2100	
1F	双扇防火门 1: 1200 x 2400 mm 甲级	1200	2400	甲级
1F	双扇防火门 1: 1400 x 2400 mm 甲级	1400	2400	甲级
1F	双扇防火门 1: 1400 x 2400 mm 甲级	1400	2400	甲级
1F	双扇防火门 1: 1500 x 2400 mm 甲级	1500	2400	甲级
1F	双扇防火门 1: 1500 x 2400 mm 甲级	1500	2400	甲级
1F	双扇防火门 1: 1500 x 2400 mm 甲级	1500	2400	甲级
1F	双扇防火门 1: 1500 x 2400 mm 甲级	1500	2400	甲级
1F	子母门 1: 1400 x 2100mm	1400	2100	
1F	子母门 1: 1400 x 2100mm	1400	2100	
总计: 19				

图 4-83

②　材质明细表:除了具有"明细表/数量"的所有功能之外,还能够针对建筑构件的子构件的材质进行统计。例如:可以列出所有用到"砖"这类材质的墙体,并且统计其面积,用于施工成本计算,见图 4-84。

③　图纸列表:列出项目中所有的图纸信息。

④　视图列表:列出项目中所有的视图信息。

⑤　注释图块:列出项目中所使用的注释、符号等信息,例如:列出项目中所有选用标准图集的详图,见图 4-85。

<A_砌体-普通砖材料明细表>		
A	B	C
材质:名称	材质:面积	计数
砌体-普通砖 75x225mm		
砌体-普通砖 75x225mm	78.39	1
砌体-普通砖 75x225mm	29.25	1
砌体-普通砖 75x225mm	29.25	1
砌体-普通砖 75x225mm	29.25	1
砌体-普通砖 75x225mm	29.25	1
砌体-普通砖 75x225mm	29.25	1
砌体-普通砖 75x225mm	43.50	1
砌体-普通砖 75x225mm	18.56	1
砌体-普通砖 75x225mm	221.73	1
总计 11		

图 4-84

<参照中国标准图集的详图>					
A	B	C	D	E	F
参照	类型	A	G1	合计	名称
02J301	标准	1	30	1	止水带
02J502	标准	2	25	1	截水沟做法详

图 4-85

➢ 明细表提取的数据来源

明细表可以提取的参数主要有:项目参数、共享参数、族系统定义的参数。其中特别要提醒的是,在创建"可载入族"的时候,用户自定义的参数不能在明细表中被读取,必须以共享参数的形式创建,才能在明细表中被读取。

(2)明细表创建基本流程

①　选择明细表的"类别",见图 4-86。

②　选择"可用的字段"作为"明细表字段",见图 4-87。

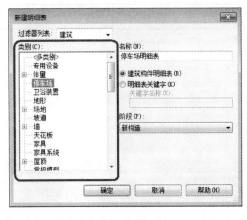

图 4-86

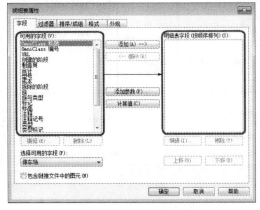

图 4-87

③　调整明细表的排序方式,格式等,见图 4-88。

④　修改美化明细表,见图 4-89。

(3)创建门明细表

① 单击"视图"→"创建"→"明细表"下拉菜单中选择"明细表/数量",在新建明细表对话框中根据图 4-90 进行设置:"过滤器列表"中选择"建筑",在"类别"栏中选择"门",修改明细表名称"门明细表",单击"确定"。

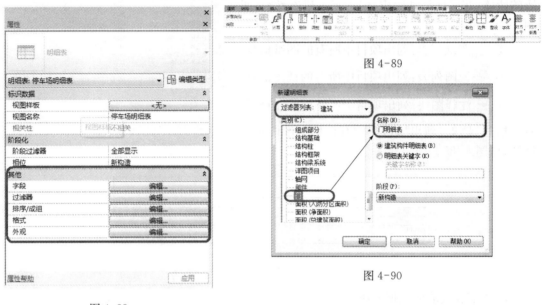

图 4-89

图 4-88

图 4-90

② 在"明细表属性"中从"可用的字段"中选择需要添加的参数至"明细表字段(按顺序排列)",同时可以通过"上移"和"下移"按钮对于字段进行前后排列,见图 4-91。

③ 在"明细表属性"中"过滤器"一栏中按照图 4-92 进行设置,将标高 1F 的门都过滤出来。

图 4-91

图 4-92

④ 在"明细表属性"中"排列/成组"一栏中按照图 4-93 进行设置,将所有的门按照其名称进行排列,同时显示门的总数。

⑤ 在"明细表属性"中"格式"一栏中，选择"高度"字段，单击"条件格式"按钮，设置凡是高度大于等于 2 400 mm 的都在明细表中标为红色，见图 4-94。

⑥ 在"明细表属性"中"外观"一栏中，采用系统默认设置，最后单击"明细表属性"中"确认"按钮，门明细表完成。

（4）门窗明细表增强功能

Revit® 为速博用户提供了多种插件和族库，其中包含有符合中国出图规范的门窗明细表增强功能：门窗表绘制功能。读者可以从以下网址进入下载区：

http://subscription. autodesk. com/sp/servlet/public/index? siteID＝11564786 ＆id＝11607957

当加载成功后，单击"附加模块"→"门窗表增强"→"创建"，可以绘制如图4-95所示的门窗表。

4.5.4 门窗图例

（1）图例视图

在图例视图中可以列出在项目中使用以下类型的建筑构件：门、窗、楼板、天花板、墙、常规模型、专用设备、卫浴装置、场地、停车场等，可以对于图例构件进行尺寸标注和文字注释。创建的图例视图可以导入图纸中。

（2）创建门窗图例

① 单击"视图"→"创建"→"图例"下拉菜单中选择"图例"，在弹出的"新图例视图"中确定新的名称，见图 4-96。新的图例视图被创建。

② "项目浏览器"→"族"→"门"，选择需要放入门窗图例中的门，拖拽至绘图空间，在选项卡中确定图例的具体参数，见图4-97，在"族"一栏下拉菜单中选择门的类型，在"视图"一栏中选择"楼层平面"，在"主体长度"中调节墙体的长度。门的平面图例绘制完成

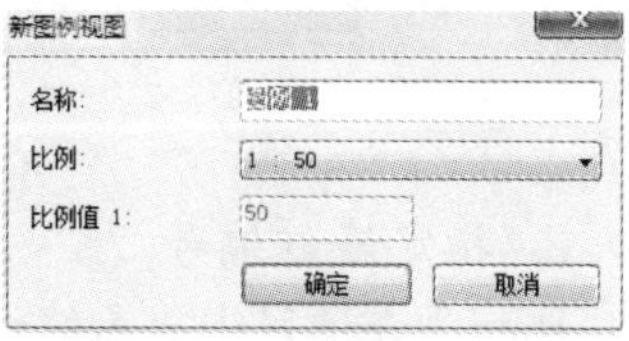

③ 按照类似步骤，将"视图"选择为"立面：前"，门的立面图例绘制完成，见图4-98。

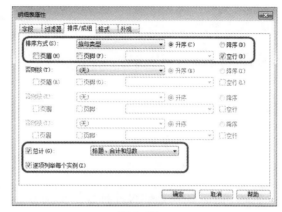

图 4-93

图 4-94

图 4-95

图 4-96

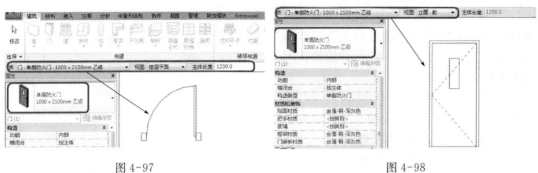

图 4-97	图 4-98

④ 单击"注释"→"尺寸标注"→"对齐",对于门图例进行标注,见图4-99。

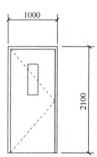

图 4-99

4.6 图纸修订

绘制完所有图纸后,通常都会对图纸进行审核,以满足客户或规范的要求。同时也需要追踪这些修订以供将来参考。例如,可能要检查修订历史记录以确定进行修改的时间、原因和执行者。Revit®就提供了一些工具,以用于追踪修订并将这些修订信息反映在施工图文档集中的图纸上。

修订追踪是在发布图纸之后记录对建筑模型所做的修改的过程。在Revit®中,可使用云线批注、标记和明细表显示和追踪修订。具体操作过程见图4-100。

图 4-100

4.6.1 输入修订信息

1. 添加新修订

单击功能区中"视图"选项卡→"图纸组合"面板→ "修订"按钮。激活"图纸发布/修订"对话框,单击"添加"按钮,可新增一个修订,再连续两次单击此按钮,可再新增两个修订,见图4-101。

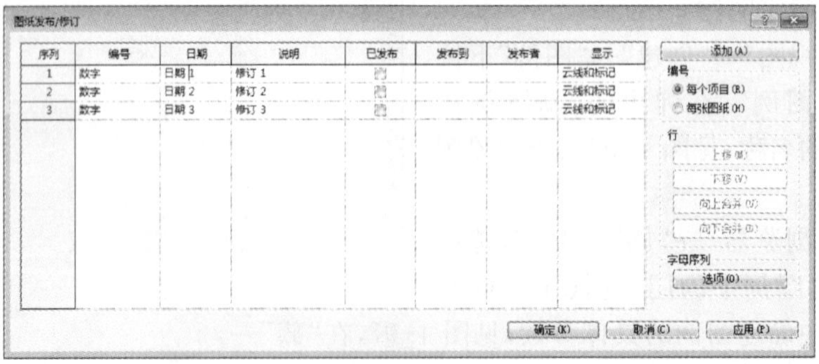

图 4-101

2. 指定修订编号

Revit®在项目中显示修订的序列方面提供了三种选项:"数字"、"字母、或者用户定义的字母或其他字符序列"或"无"。每个修订可指定不同的编号方案。

本项目中选择"数字"作为修订的编号,见图4-102。

3. 修改日期和说明

➤ 日期:输入进行修订的日期或发送修订以供审阅的日期。

分别输入1.1,2.1和3.1,见图4-103。

➤ 说明:输入要在图纸的修订明细表中显示的修订的说明。

分别输入"墙"、"柱"和"门",见图4-103。

4.6.2 云线批注

云线批注可以标记在项目中已修改的设计区域。除三维视图以外,所有视图或图纸中都可以绘制云线批注。

在输入修订信息之后,通过标记识别可以将一个修订指定给一个或多个云线。

1. 添加云线批注

单击打开图纸"J0-2-标准层平面图",然后单击功能区中"注释"选项卡→"详图"面板→ "云线批注"按钮,见图4-104。在绘图区域单击确定云线的位置,然后单击 "完成编辑模式"按钮,退出编辑状态。用同样的方法,再创建两个云线批注,见图4-105。

2. 将修订指定给云线批注

在视图中添加云线批注时,默认情况下Revit®会将最新的

图 4-102

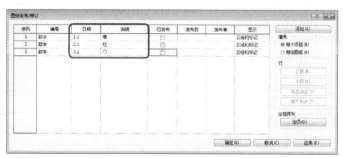

图 4-103

图 4-104

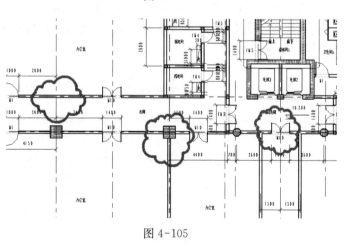

图 4-105

修订指定给云线。当然,也可以重新为云线指定修订。一个修订还可以指定给多个云线。

单击选择最左边的云线,在"属性"对话框中,重新指定云线的"修订"为"序列1-墙",见图4-106。然后从左至右分别指定修订为"序列2-柱"和"序列3-门"。

3. 修改所有云线批注的外观

单击功能区中"管理"选项卡→"设置"面板→"对象样式"按钮,在"注释对象"选项卡

中，分别将云线批注的"线宽"设为"7"，"线颜色"设为"紫色"，见图 4-107。然后单击"确定"。

图 4-106

图 4-107

4. 标记云线批注

修订标记可以识别指定给视图中每个云线的修订。

单击功能区中"注释"选项卡→"标记"面板→⌐①"按类别标记"按钮。

然后单击一个云线，Revit® 提示是否需要载入一个标记，见图 4-108。单击"是"，在族库中选择"注释\标记\建筑\标记_修订.rfa"，打开并载入到项目文件中。此时当鼠标光标移动到云线上时，会自动出现修订标记，单击确定标记的位置，见图 4-109。

图 4-108

拖拽蓝色箭头，可以重新定位标记；拖拽蓝点，可以调整引线中的拐弯点，见图 4-110。

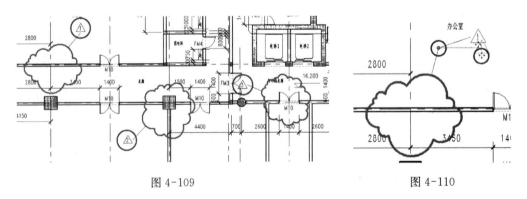

图 4-109

图 4-110

5. 显示云线和标记

在"图纸发布/修订"对话框中，可以指定显示"云线和标记"或只显示"标记"或两者都不显示，见图 4-111。本项目选择显示"云线和标记"。

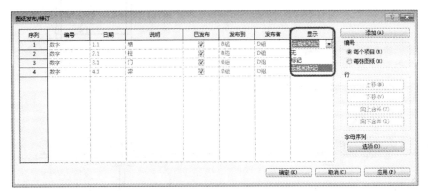

图 4-111

4.6.3　合并修订

在"图纸发布/修订"对话框中，单击"序列 2"行，可以通过右边"行"下的"向上合并"或"向下合并"按钮来合并修订，见图 4-112。

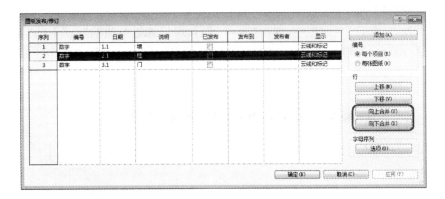

图 4-112

单击"向上合并"按钮，然后单击"确定"，"序列 2"将合并到"序列 1"中，见图 4-113。同时图纸中的修订标记也会发生相应的变化，见图 4-114。

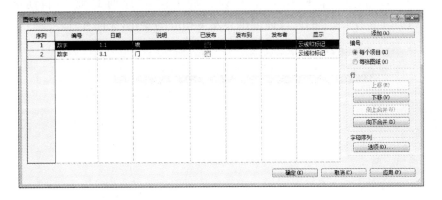

图 4-113

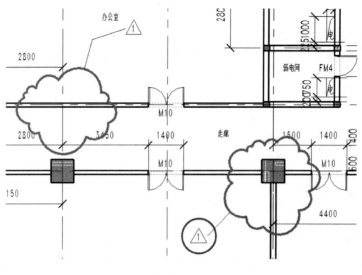

图 4-114

4.6.4 修改修订的顺序

在"图纸发布/修订"对话框中,单击"序列 2"行,可以通过右边的"行"下的"下移"或"上移"按钮来修改修订的顺序,见图 4-115。

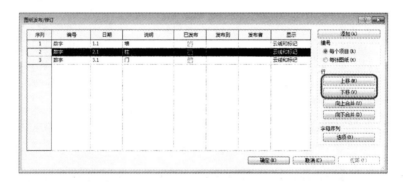

图 4-115

单击"上移"按钮,然后单击"确定","序列 2"将上移到"序列 1"前,并自动重新排列序号,见图 4-116。同时图纸中的修订标记也会发生相应的变化,见图 4-117。

图 4-116

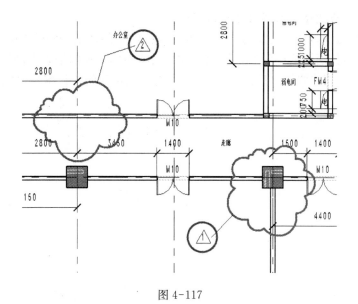

图 4-117

4.6.5　图纸上的修订明细表

在图纸"J0-2-标准层平面图"右上角"出图记录"的修订明细
表中将自动显示有关修订的信息,见图 4-118。

在绘图区域中单击此区域上任意位置,然后在"属性"对话框
中单击"图纸上的修订"的"编辑"按钮,见图 4-119。此时"图纸上
的修订"对话框会列出在"图纸发布/修订"对话框中输入的所有修
订。指定给图纸上视图中云线的修订已处于选中状态,且它们为
只读,见图4-120。

图 4-118

图 4-119

图 4-120

4.6.6　按项目或按图纸对云线批注进行编号

对图纸上的云线批注进行编号的方式需要进行仔细的考虑：按项目或按图纸。可以使用"图纸发布/修订"对话框中的"编号"设置控制云线在标记和明细表中修订编号的显示，见图 4-121。若要在创建修订之后修改此设置，所有云线批注的修订编号可能会修改。

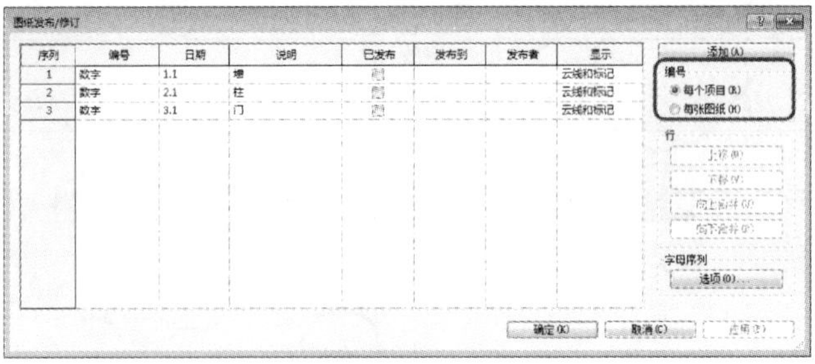

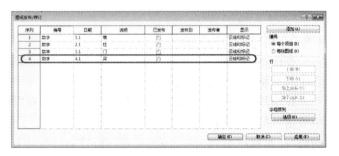

图 4-121

1. 按项目编号

Revit® 会根据"图纸发布/修订"对话框中的修订序列对修订进行编号。当在图纸中添加云线时，标记和修订明细表中的编号显示将与修订的序列号相同，并且该序列号是无法被修改的。

Revit® 默认是按项目进行编号的。打开"图纸发布/修订"对话

图 4-122

框，继续添加一个新的修订，见图4-122。然后单击打开"J－04－剖面图"，添加两个云线批注，并分别指定为"序列 1 -墙"和"序列 4 -梁"，见图 4-123。然后分别为这两个云线进行标记，其标记号与"图纸发布/修订"中的序列号相同，见图 4-124。此时在图纸上的修订明细表中的编号也与该序列号相同，见图 4-125。

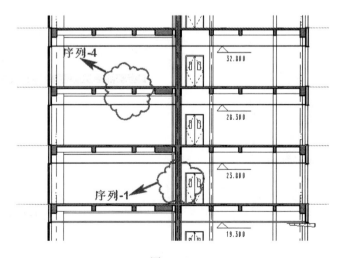

图 4-123

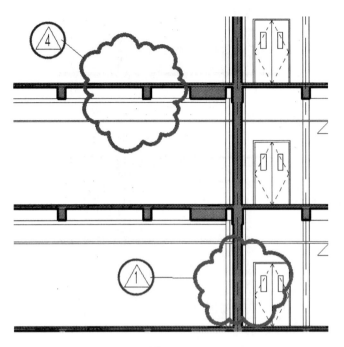

图 4-124

出图记录		
编号	日期	发布者
1	1.1	
4	4.1	

图 4-125

2. 按图纸编号

Revit® 会相对于图纸上其他云线的序列对云线进行编号。

打开"图纸发布/修订"对话框,将"编号"调整为"每张图纸",然后在"修订编号已修改"对话框中单击"是",然后单击"确定",见图 4-126。此时云线标记被更新为 1 和 2,图纸上的修订明细表中的编号也同时被更新,见图 4-127 和图 4-128。

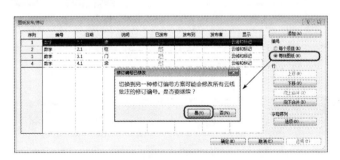

图 4-126

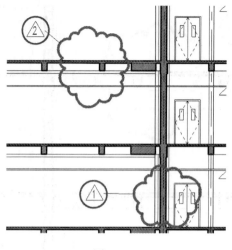

图 4-127

出图记录		
编号	日期	发布者
1	1.1	
2	4.1	

图 4-128

4.6.7　发布修订

在完成修订之后，就可以发布该修订了。

打开"图纸发布/修订"对话框：

➢ 在"发布到"中指定要将修订发布给的个人或组织。

在"发布到"中输入"B 组"。

➢ 在"发布者"中指订将发布修订的个人或组织。

在"发布者"中输入"D 组"。

最后勾选"已发布"。此时修订行会显示为只读，见图 4-129。在勾选"已发布"之后，无法对修订信息做进一步修改。

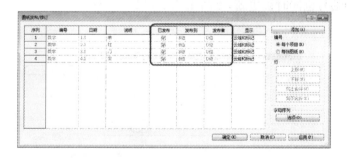

图 4-129

【提示】如果在发布修订之后必须修改任何修订信息，可以通过清除"已发布"勾选项进行修改，然后再次选择"已发布"。

第5天　表现和分析

为了更好地展示建筑师的创意和设计成果，Revit® 还提供了漫游（动画）、渲染、能量分析和日照分析等功能,在第 5 天中,我们将详细介绍这些功能。见图5-1。

漫游

渲染

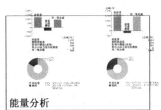
能量分析

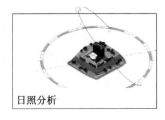
日照分析

图 5-1

5.1　漫游

Revit® 提供了漫游功能,即为沿着自定义路径移动的相机,可以用于创建模型的三维漫游动画,并保存为 AVI 视频或者图片文件。其中漫游的每一帧都可以保存为单独的文件。

5.1.1　漫游功能流程

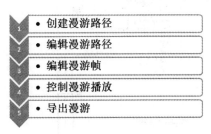

1. 创建漫游路径
2. 编辑漫游路径
3. 编辑漫游帧
4. 控制漫游播放
5. 导出漫游

图 5-2

5.1.2　漫游功能详述

单击功能区"视图"→"三维视图",下拉菜单中单击"漫游"即可激活漫游工具,见图5-3。

图 5-3

1. 创建漫游路径

激活漫游工具后，会进入"修改|漫游"选项卡，提示先创建漫游路径，见图 5-4。除了工具栏中常见的二维绘制工具和修改工具以外，应当注意选项栏中的几项属性的定义。

图 5-4

- 透视图：勾选"透视图"即生成透视的漫游；不勾选"透视图"即可生成三维正交漫游。
- 偏移量：通常情况下，是在平面图中创建漫游路径，此时偏移量即为相机相对此平面的高度。例如上图中 1750 表示 1 米 75 的高度，相当于一个成年男子的平均身高。如果将偏移值调高，可以做出在空中盘旋俯瞰的效果。
- 自：相机基于哪个楼层偏移，在上图中是基于一层平面。通过调整"自"后面的楼层，可以实现相机"上楼"、"下楼"的效果。

基于本次希望做出先围绕建筑周围盘旋，再进入建筑内部的效果，先基于 0F 楼层平面绘制如下路径，见图 5-5。图中，三角形表示相机的拍摄范围和景深，红色点表示关键帧。在各个关键帧，可以调节相机的方向和位置。故而在下图中，第一个到倒数第 3 个关键帧都可以设为自"0F"偏移值"3500"，但最后两个关键帧应为自"1F"偏移值"1750"。

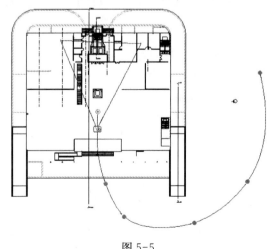

图 5-5

2. 修改漫游路径

创建好漫游路径以后，在项目浏览器的三维视图下面，可以找到新创建的漫游视图。双击打开此漫游视图，并点选视图框，再单击工具栏最右侧的"编辑漫游"，可以对此漫游进行进一步编辑，见图5-6。

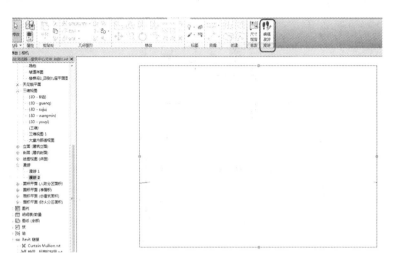

图 5-6

在"编辑漫游"上下文选项卡里，单击"重设相机"，见图5-7。

图 5-7

在激活的"修改|相机"选项栏中，可以通过下拉菜单，选择修改相机、路径或关键帧，见图5-8。选择"活动相机"，选项栏显示整个漫游路径共有300帧，可以通过输入帧数选择要修改的活动相机，例如"185"，见图5-8，相机符号退到了第185帧的位置。可以通过推拉相机的三角形前端的控制点，编辑相机的拍摄范围。如此反复操作，可以修改所有想修改的活动相机。

在"控制"下拉菜单中选择"路径"，则可以通过拖拽关键帧的位置，修改漫游路径，见图5-9。

在"控制"下拉菜单中选择"添加关键帧"，则可以沿着现有路径，添加新的关键

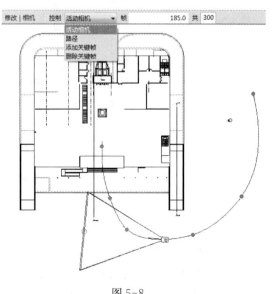

图 5-8

帧,见图 5-10。新的关键帧可以用于对于路径的进一步推敲修改。同理,可以选择"删除关键帧",删除已有的某个或多个关键帧。注意,"添加关键帧"不可以用于延长路径,所以现有路径以外不可以"添加关键帧"。

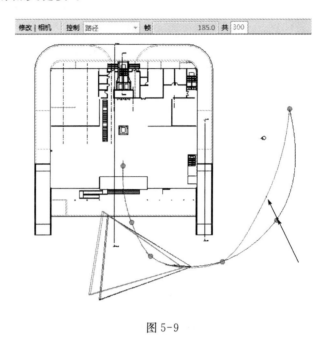

图 5-9

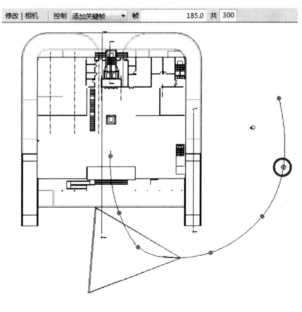

图 5-10

3. 修改漫游帧

单击"修改|相机"选项栏中,单击最右侧按钮"300",激活"漫游帧"对话框。可以修改漫游的"总帧数"和漫游速度。如果勾选"匀速",则只可通过"帧/秒"设定平均速度,每秒几

帧。如果不勾选"匀速",则可控制每个关键帧直接的速度。可以通过"加速器"为关键帧设定速度,此数值有效范围为 0.1～10,见图 5-11。

图 5-11

　　为了更好地掌握沿着路径的相机位置,可以通过勾选"指示器",并设定"帧增量"来设定相机指示符,见图 5-11。"帧增量"为 5,则相机指示符显示见图 5-12。如果希望减少相机指示符的密度,可将"帧增量"设定得大些。

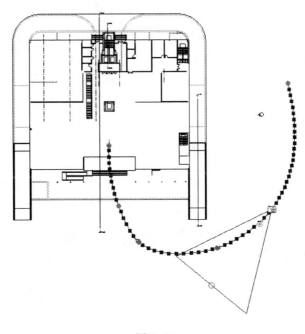

图 5-12

4. 控制漫游播放

由于在平面中编辑漫游不够直观,在编辑漫游时,需要通过播放漫游来审核漫游效果,再切换到路径和相机中去进一步编辑。在"编辑漫游"选项卡中,可以通过"播放"按钮播放整个漫游效果,或者通过"上一关键帧"、"下一关键帧"、"上一帧"和"下一帧"等按钮,切换播放的起始位置,见图5-13。

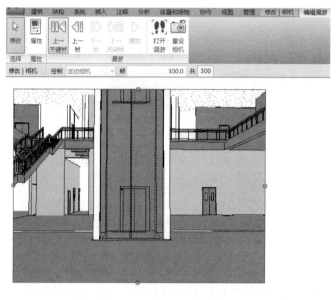

图 5-13

5. 导出漫游

漫游编辑完毕以后,就可以选择将其导出成视频文件或图片文件了。单击"应用程序菜单" 按钮→"导出"→"图像和动画"→"漫游",打开"长度/格式"对话框,见图5-14。

在"长度/格式"对话框中,可以选择导出"全部帧"或部分帧。若为后者,则在"帧范围"内设定起点帧数、终点帧数、速度和时长。在"格式"中,可以设定"视觉样式"和输出尺寸,以及是否"包含时间和日期戳",见图5-15。全都设定完毕后,单击"确定",打开"导出漫游"对话框。

在"导出漫游"对话框中,可以在文件类型下拉菜单中选择导出为 AVI 视频格式,或者 JPEG, TIFF, BMP 等图片文件格式,见图5-16。

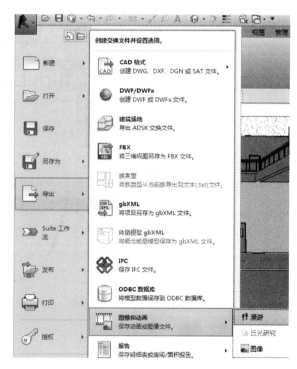

图 5-14

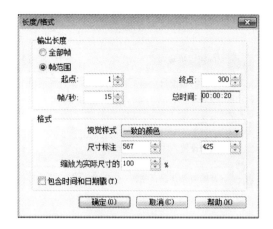

图 5-15

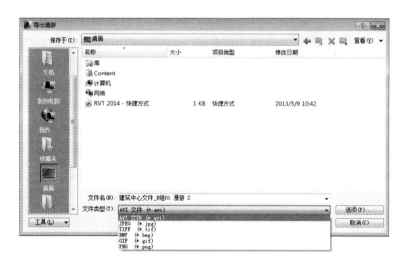

图 5-16

5.2　渲染

Revit®集成了第三方的 AccuRender®渲染引擎,可以将项目的三维视图使用各种效果创建出照片级真实感的图像。目前 Revit® 2014 提供两种渲染方式:本地渲染和云渲染。对于云渲染,可以使用 Autodesk® 360,访问多个版本的渲染,将图像渲染为全景,更改渲染质量,以及为渲染的场景应用背景环境。

相比本地渲染,云渲染的优势在于对计算机硬件要求不高,只要能打开 Revit®的电脑并联上网就可以进行渲染。并且,只要顺利完成模型的上传,就可以继续工作,渲染工作都在"云"上完成,一般十几分钟后就可以看到渲染结果。在渲染的过程中,也可以随时在网站上调整设置重新渲染。

本地渲染的优势在于其自定义的渲染选项更多,渲染尺寸更大,而云渲染相对较少,且目前只支持最大 2 000 dpi。

5.2.1 本地渲染流程

流程图如图 5-17 所示。

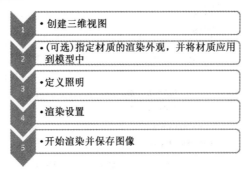

图 5-17

5.2.2 本地渲染功能详述

单击功能区中"视图"→"三维视图"→"默认三维视图"，调整模型到合适渲染的视图。单击功能区中"视图"→"渲染"，打开"渲染"对话框，默认设置见图 5-18。下面整体介绍一下"渲染"功能。

1. 定义渲染区域

选中"区域"，在三维视图中，Revit® 会显示红色的渲染区域边界。选择该区域，可以拉动蓝色夹点来调整其尺寸，见图 5-19。

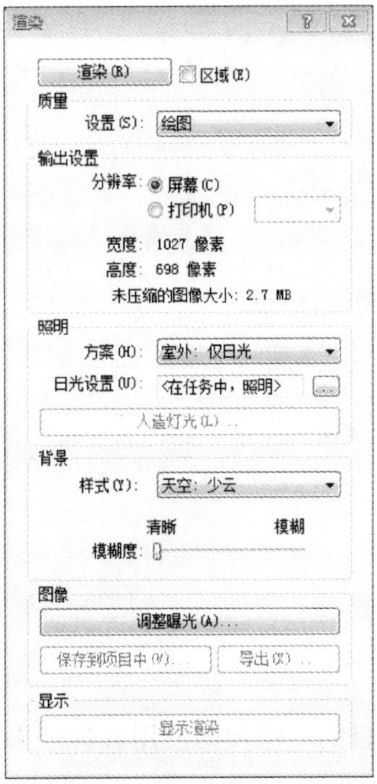

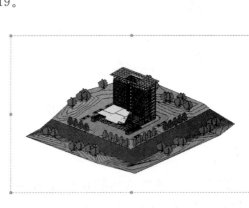

图 5-18

图 5-19

【提示】➤ 如果不选择"区域"，则默认三维视图即渲染视图。

➤ 如果视图中使用了某个裁剪区域，则渲染区域必须位于该裁剪区域边界内。

➤ 对于正交视图，也可以拖曳渲染区域以在视图中移动其位置。

2. 指定渲染质量

➤ 默认设置为"绘图"的渲染的速度是最快的，通过它可以快速的获得一个大概的渲染效果，以便于进一步的调整。其他选项的渲染速度由快变慢，渲染质量由低变高，见图 5-20。

➤ "编辑"用于渲染质量的自定义设置。选择"编辑",打开"渲染质量设置"对话框可设置"自定义(视图专用)"渲染图像的质量,见图5-21。

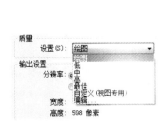

图5-20　　　　　　　　　　　　　　　　　图5-21

➤ 如果需要渲染室内效果,就需要将室外的阳光进入室内,建议打开采光口。在"渲染质量设置"对话框中选择"门"、"窗"、"幕墙"做为采光口,见图5-22。它可以在渲染过程中自动实现日照效果,提高渲染图像的质量,但同时也会大大增加渲染时间。

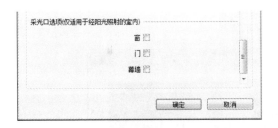

图5-22　　　　　　　　　　　　　　　　　图5-23

3. 输出设置

➤ 如果仅用于查看的渲染图像可直接默认选择"屏幕",则渲染后输出图像的大小等于渲染时在屏幕上显示的大小。如果生成的渲染图像需要打印,可选择"打印机"。"宽度"、"高度"和"未压缩的图像大小"会根据设置自动计算出渲染图像的尺寸和文件量,见图5-23。图像尺寸、分辨率或精确度的值越高,生成渲染图像所需的时间就越长。

【提示】选择"打印机"时,需要指定在打印图像时使用的DPI。DPI是指"每英寸点数"。

如果该项目采用公制单位,则Revit®会先将公制值转换为英寸,再显示DPI或像素尺寸。

4. 照明方案设置

➤ 在"照明"下选择所需要的设置作为"方案"。如果方案中选择了"日光",就需要进行"日光设置",选择所需的日光位置,详见"5.4 日照分析",在此不再赘述。

➢ 只有方案中选择"人造光","人造灯光"才有效,并可点击"人造日光"控制渲染图像中的人造日光,可以创建灯光组并将照明设备添加到灯光组中,也可以暗显或打开或关闭灯光组或各个照明设备。见图 5-24。

【提示】要提高渲染性能,请关闭渲染所不需要的任何灯光。

5. 指定渲染背景

在"背景"下,可选择天空、颜色和图像做为背景。

➢ 指定天空。选择一个所需云量的"天空"作为"样式",并可滑动控制"清晰"和"模糊",见图 5-25。

图 5-24   图 5-25

➢ 指定颜色。选择"颜色"作为"样式",单击颜色样例,在打开的颜色对话框中指定背景颜色,见图 5-26。

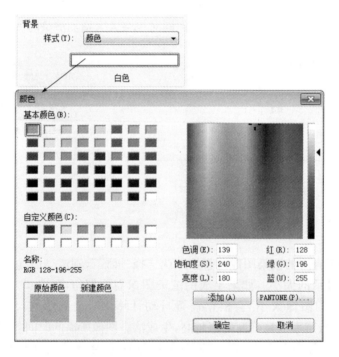

图 5-26

➢ 自定义背景图像。选择"图像"作为"样式",单击"自定义图像",在打开的"背景图像"对话框中指定图片地址,比例和偏移量,见图 5-27。

6. 渲染图像显示与保存

➢ 在"图像"中点击"调整曝光"。在打开的"曝光控制"对话框中,设置图像的曝光值、亮度、中间色调、阴影、白点和饱和度,见图 5-28。对于渲染图像太亮、太暗等问题都可以在

"曝光控制"中调整，而无需重新渲染。

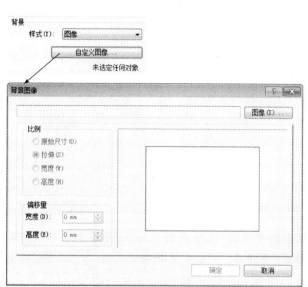

图 5-27

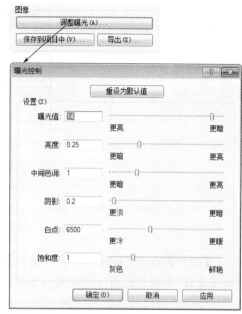

图 5-28

【提示】这些渲染设置与特定的视图相关，它们是作为视图属性的一部分保存的。如果需要将这些设置应用于其他三维视图，请使用视图样板。

➤ 在"图像"中点击"保存到项目中"和"导出"，可以方便的讲渲染的图像文件保存到项目或导出为 .jpg，.bmp，.png，.tif 格式的图片。在指定文件名后，渲染图像将显示在项目浏览器"视图（全部）"的"渲染"下。

➤ 在"显示"下，可切换显示的"模型"或"渲染"，见图 5-29。

图 5-29

7. 开始渲染

设置完成后，单击"渲染"对话框中"渲染"，开始渲染并弹出"渲染"进度条，显示渲染进度，见图 5-30。可随时单击"渲染进度"中"取消"或 Esc 结束正在进行的渲染。

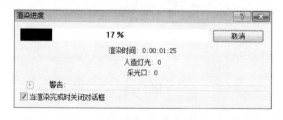

图 5-30

5.2.3 室外场景渲染

（1）创建透视三维视图

打开 1F 平面视图，单击"视图"→"创建"→"三维视图"下拉列表→ "相机"。在绘图区域中单击以放置相机，将光标拖拽到所需目标然后单击即可，见图 5-31。

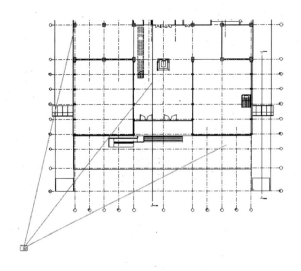

图 5-31

【提示】Revit® 将按照创建的顺序为视图指定名称：三维视图 1、三维视图 2 等。在"项目浏览器"中的该视图上单击鼠标右键并选择"重命名"即可重新命名该视图。

Revit® 会自动跳转到刚刚创建的透视三维视图。如果对视图区域不满意，可以直接在三维视图中选择视图范围框并拉动蓝色夹点来调整。如果对视图角度不满意，可以按住"Shift"+"鼠标中键"转动视图，直到调整到满意的适合渲染的角度和区域为止，见图 5-32。

图 5-32

【提示】也可以在平面视图中调整视图区域和角度。但从三维视图切换回平面视图后，将不再显示"相机"。这时可以在平面视图中，单击"项目浏览器"的"三维视图"，在该视图上单击鼠标右键并选择"显示相机"即可重新显示相机。可以通过拉动"蓝色空心原点（焦点）"来调整"远剪裁偏移"，也就是视图范围；或拉动"粉色原点（目标点）"来调整视图角度或目标点位置，见图 5-33。

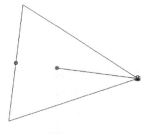

图 5-33

（2）"渲染"设置。

打开"渲染"对话框，先做个测试渲染。测试渲染时将质量设为"低"，分辨率选"屏幕"，等测试满意后再换为高质量大尺寸最终渲染。

本次渲染将照明方案设为"室外：日光和人造光"，日光设置为"夏至"，背景为"天空：多云"，单击"渲染"开始渲染。

（3）渲染

如果对测试渲染满意，则将质量和分辨率都调整到打印的精度精细渲染，最终得到的图像如果需要整体调整，再通过"调整曝光"来实现。最终渲染效果见图 5-34。

（4）保存渲染图像

单击"渲染"对话框中的"保存到项目中"，"命名"该图像，见图 5-35，确定后该渲染图像将被保存在项目浏览器的"渲染"中。

图 5-34　　　　　　　　　　　　　　　　　　　　　图 5-35

5.2.4　室内场景渲染

① 创建透视三维视图，具体方法不再赘述。创建好的"大堂内部透视图"的 1F 平面相机位置和三维视图，见图 5-36。

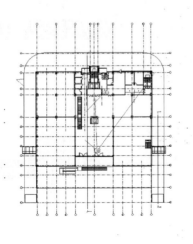
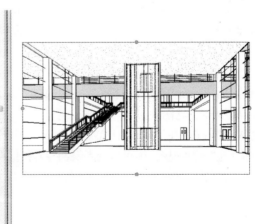

图 5-36

【提示】取消勾选"相机"选项栏的"透视图"选项可以创建正交三维视图。正交三维视图用于显示三维视图中的建筑模型，在正交三维视图中，不管相机距离的远近，所有构件的大小均相同。

② "渲染"设置。本次渲染将照明方案设为"室内：日光和人造光"，日光设置为"在任务中：静止"（时间是 6 月 21 日下午 3 点），背景为"天空：多云"。

③ 渲染。最后渲染的效果见图 5-37。

图 5-37

5.2.5　云渲染流程

云渲染流程如图 5-38 所示。

5.2.6　"静态图像"的云渲染

（1）登陆 Autodesk 360

打开项目，放置相机，确定视角并生成三维视图。单击"视图"→"图形"→ "在云中渲染"，打开"Autodesk－登录"对话框，输入"Autodesk ID"（Autodesk 360 的网络账户）和密码，见图 5-39。

【提示】如果没有 Autodesk ID，可以单击"需要Autodesk ID"即时注册。

（2）渲染设置

登陆后，Revit® 会跳出"在 Cloud 中渲染"对话框提示渲染步骤。见图 5-40。

"继续"后在"在 Cloud 中渲染"对话框中配置渲染条件。在"三维视图"中可以选择多个视图上传，输出类型为"静态图像"，渲染质量为"标准"，图像尺寸为"中"，曝光为"高级"（以模拟真实的照明条件），见图 5-41。

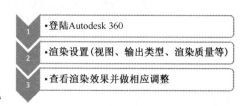

图 5-38

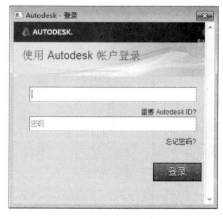

图 5-39

图 5-40

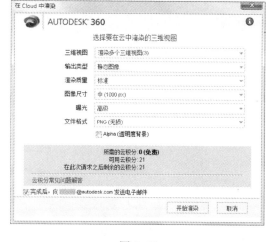

图 5-41

单击"开始渲染"后即开始上传渲染文件到云服务器上。在等待进程中,为不影响其它工作,可以选择"在后台继续",见图 5-42。

(3) 查看渲染结果

方式一:在 Revit® 中查看渲染图像。单击"视图"→"图形"→"渲染库",可以联机查看和下载完成的图像,见图 5-43。鼠标放在预览图像片刻会自动显示该图像的相关信息,见图 5-44。

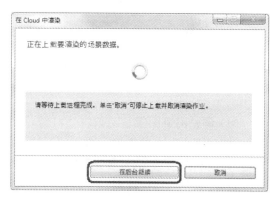

图 5-42

图 5-43

图 5-44

方式二：如果在上传时勾选了"完成后，向××发送电子邮件"，则可以通过邮件查看渲染图像并通过邮件中的超链接直接打开 Autodesk 360 的"渲染库"页面，见图 5-45。

图 5-45

（4）调整渲染图像

在"渲染库"中，单击预览图片的下拉菜单，在这里可以选择相应选项对已经渲染好的图像进行"重新渲染"、"调整曝光"、"下载"、"删除"等相关操作。

打开"大堂内部透视图"的"调整曝光"选项，整体调整图像的"曝光值"、"亮度"、"饱和度"等，单击"应用"查看效果直到满意为止，见图 5-46。

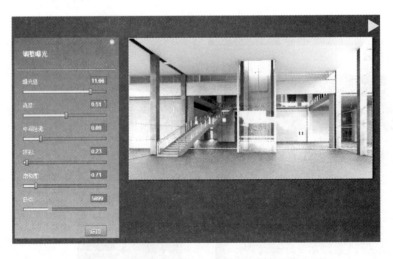

图 5-46

【提示】"曝光调整"功能需要使用支持 WebGL 的浏览器，例如最新版本的 Google Chrome 或 Mozilla Firefox。

5.2.7　"交互式全景"的云渲染

在"云"上不止可以渲染静止的图像,也可以渲染"交互式全景"。"交互式全景"是指可导航的 360 度的场景。

如需要 360 度全景式渲染图像,可在"在 Cloud 中渲染"对话框中选择输出类型为"交互式全景",也可以在静态图像渲染后登陆 Autodesk® 360 选择重新渲染为"全景"。

在"渲染库"中选择静态图像"大堂内部透视图",单击预览图片的下拉菜单,选择"重新渲染"为"全景"。在打开的"渲染设置"对话框中设置"环境""渲染质量""曝光"等选项,见图 5-47。

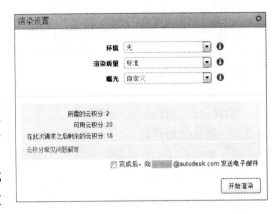

图 5-47

【提示】"环境"选项提供的是一些 HDR 贴图场景,例如:田野、十字路口、浮桥、河岸和海港,选择这些场景可以模拟真实环境的光照和背景。但目前这些场景只符合人视角视图,如果渲染视图为"鸟瞰图"会出现"不和谐"的感觉。

渲染后,一个弯曲的双向箭头图标会显示在全景缩略图的上方。单击全景的缩略图将在"预览"区域中显示全景查看器,在这里可以单击 Shift 键同时滚动鼠标进行图像的缩放,单击并拖动图像可以浏览场景,见图 5-48。

图 5-48

如果需要从全景图回退到原来的静态图,只需删除全景图即可。如果下载全景图,得到的将是一列各种视角的渲染图像组合。

5.3　能量分析

在"第 1 天 设计初期"中的"1.4.5 概念体量分析"中,已经介绍了一部分有关于使用概念体量模式,来进行能量分析的内容。在本节中将继续介绍如何使用建筑图元模式来进行能量分析。

使用建筑图元分析模型,需要将先期已经定义好的墙、屋顶、楼板、窗、房间、空间等图元信息提交到 Autodesk Green Building Studio 平台,通过分析获得在详细设计过程中的更多准确信息。

图 5-49

5.3.1 能量分析流程

能量分析流程如图 5-49 所示。

5.3.2 能量分析详述

1. 登录到 Autodesk® 360

如果已经是速博用户,可以直接单击右上角"信息中心"中的"登录"下拉菜单中的"登录到 Autodesk® 360"按钮,在"登录"对话框中输入"Autodesk ID"和"密码",见图 5-50。

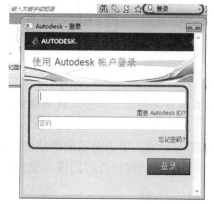

图 5-50

2. 选择分析模式

单击"分析"选项卡→"能量分析"面板→ "使用建筑图元模式"按钮。当选择该模式时,仅能启用适用于建筑图元导出模型的能量设置,见图5-51。

图 5-51

3. 能量设置

然后再单击功能区中"分析"选项卡→"能量分析"面板→ "能量设置"按钮,完成建筑类型、地平面和位置等的一些基本能量设置。以下将介绍一些常用的参数设置,见图 5-52。

• 导出类别:当设置为"房间"时,能量分析中会包含 Revit® 图元材质层的热属性数据;当设置为"空间"时,能量分析中会包含"空间"能量的相关数据。

• 包含热属性:勾选时,分析模型会包含图元层材质的热数据。

• 分析空间分辨率/分析表面分辨率:可根据运行模拟分析显示模型的大小,适当地调整该数值。模型越大,数值可以调整的越高。

• 概念构造:如果没有使用建筑图元层材质中包含的热属性,也可以通过单击该参数中的"编辑"重新指定构造材料,见图 5-53。

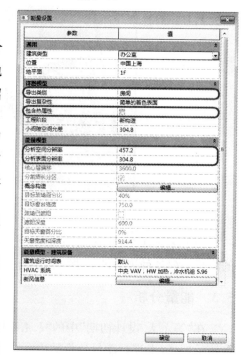

图 5-52

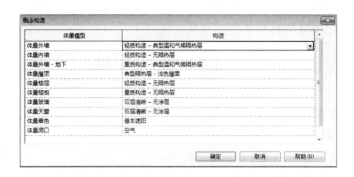

图 5-53

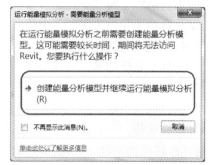

图 5-54

4. 分析模型

单击"分析"选项卡→"能量分析"面板→"运行能量仿真"按钮。在弹出的对话框中,选择"创建能量分析模型并继续运行能量模拟分析",见图 5-54。软件会检测能量分析模型几何图形,以确保模型至少包含一个合理的闭合壳,该闭合壳至少包含一个楼板、墙、屋顶,并且具有一个已知的地理位置等,以确保能量分析能够成功。

分析模型生成后,系统会自动进行通知。此时单击"确定"可以继续进行能量模拟分析。并且在之后弹出的"运行能量模拟分析"对话框中,为分析指定一个名称用作运行的名称。最后单击"继续"以运行模拟。

5. 比较结果

得到分析报告后,可以根据实际情况修改建筑模型和能量设置,然后对修改后的模型再次运行分析。通过单击"分析"选项卡→"能量分析"面板→ "结果和比较"按钮,还可以对多个分析结果进行比较,见图 5-55 和图 5-56。

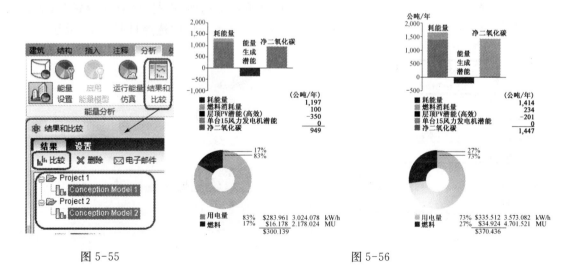

图 5-55

图 5-56

5.4　日照分析

在 Revit® 中,无需渲染就可以模拟建筑静态的阴影位置,也可以动态模拟一天和多天的建筑阴影走向,以可视的方式展示来自地势和周围建筑物的影响对于场地有怎样的影响,以及自然光在一天和一年中的特定时间会从哪些位置摄入建筑物内。

5.4.1 基本流程

日照分析的基本流程如图 5-57 所示。

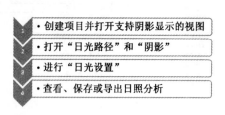

図 5-57

5.4.2 项目北与真实北

当项目不是正南北时,为了绘图方便,我们通常会将建筑旋转一个方向至项目北。但当需要进行日照分析时,建议您将视图方向由项目北修改为正北,以便为项目创建精确的太阳光和阴影样式。关于"项目北与真实北"的介绍请参见"1.2.3 项目方向"。

5.4.3 静态日照分析

静态的日照分析即创建特定日期和时间阴影的静止图像。它可显示在特定的一天的自定义或项目预设的时间点,项目所处位置处的阴影。

① 打开建筑模型的三维视图,根据需要调整视图的角度以获得更好的阴影效果。

图 5-58

② 单击绘图区左下角的"视图控制栏"中的" (打开/关闭日光路径)",选择"打开日光路径",见图5-58。然后再单击" (打开/关闭阴影)",打开阴影。

③ 在视图控制栏上,单击" (视觉样式)"打开"图形显示选项"对话框并在该对话框中打开"投射阴影"和"显示环境光阴影"并调整"日光、环境光和阴影"的"亮度",见图5-59。

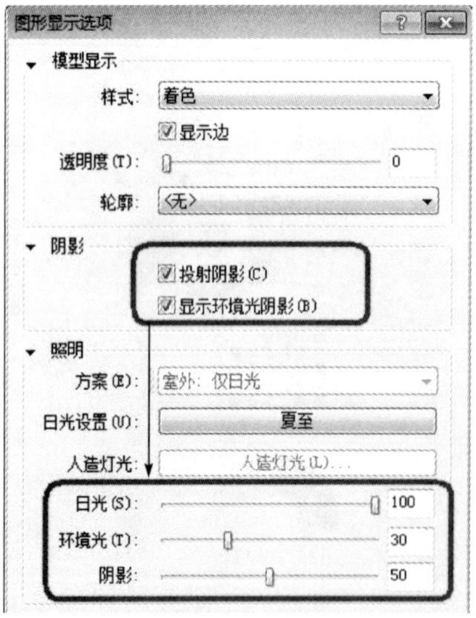

④ 在"图形显示选项"中打开"日光设置"对话框中,选择"静止",在下面栏中选择日照方案"夏至",见图5-60。

图 5-59

图 5-60

⑤ 在对话框中的右侧"设置"下进行"地点、日期和时间"的设置,见图5-61。

⑥ 单击"地点"后的矩形"浏览"图标打开"位置、气候和场地"对话框,Revit®默认地点为中国北京,可以在"位置"选项卡选择"默认城市列表"为"定义位置依据",更改城市为"中

国上海",见图 5-62。

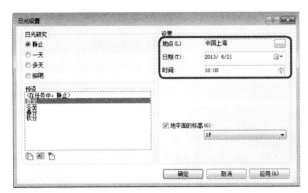
图 5-61

图 5-62

⑦ 单击两次"确定"后完成日光分析设置,见图 5-63。

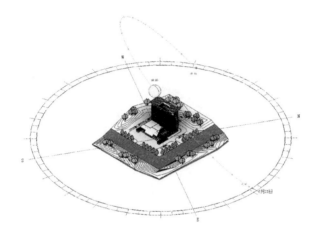
图 5-63

5.4.4　动态日照分析

动态的日照分析即创建在自定义的一天或多天时间段内的阴影移动的动画。它可显示在特定的一天的自定义或项目预设的时间范围内,项目所处位置处阴影按设置的时间间隔移动的过程。

① 1、2、3 步同静态日照分析,不再赘述。打开"日光设置"对话框,选择"多天日光研究",并设置相应的日期、时间、间隔时间等,见图 5-64。

② 单击绘图区左下角的"视图控制栏"中的"⚙️（打开/关闭日光路径）",选择"日光研究预览",见图 5-65。

③ 在临时工具栏中单击"播放"按钮,将看到日光研究动画从第 1 帧开始自动播放到最后一帧,见图 5-66。

④ 保存到项目中。在项目浏览器中的当前视图上单击鼠标右键,选择"作为图像保存到项目中"。在"作为图像保存到项目中"对话框中,指定图像的名称并根据需要修改图像设置,然后单击"确定",见图 5-67。

图 5-64   图 5-65

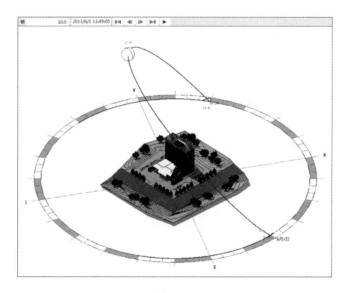

图 5-66

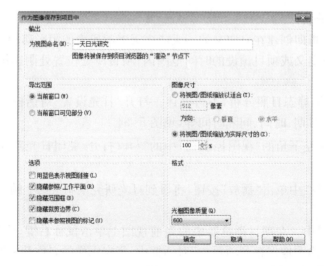

图 5-67

图像将被保存在项目浏览器中的"渲染"下,见图 5-68。

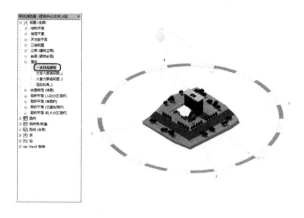

图 5-68

⑤ 导出动画。单击 Autodesk® Revit® 2014 界面左上角的 ◢·"应用程序"→"导出"→ "图像和动画"→"日光研究",打开"长度/格式"对话框选择"全部帧"或选择"帧范围"并指定 该范围的开始帧和结束帧。如果要导出为 AVI 文件,默认"帧/秒"数为"15",可以通过调整 该数值加快或减慢动画的播放速度,见图 5-69。确定后指定一个路径和文件名就可以导出 AVI 等格式的"日光研究"动画了。

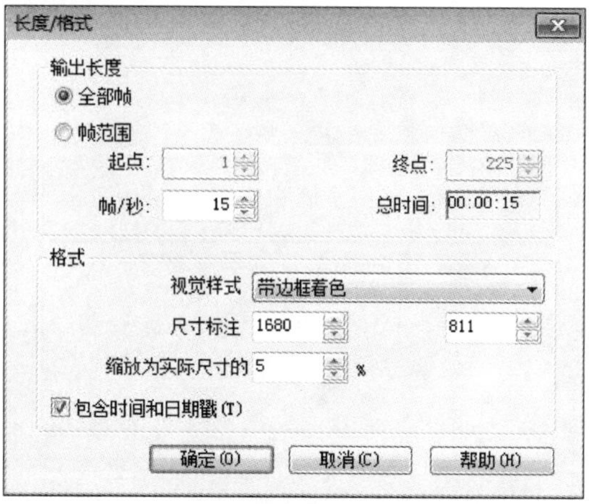

图 5-69

【提示】导出前需要确保当前活动视图已启用"阴影",并且"日光设置"对话框中的"日 光研究"选项被设置为"一天"或"多天"。如果未设置这些选项,导出日光研究选项将不 可用。